Segurança de poço na perfuração

Blucher

Conteúdo

AGRADECIMENTOS

Gostaria em primeiro lugar de agradecer aos inúmeros colegas da Petrobras que me apresentaram sugestões e correções quando o conteúdo deste livro era apresentado como uma apostila desde a afiliação da Petrobras ao programa **WellCAP** em junho de 1996.

Aos colegas e amigos Heitor Rodrigues de Paula Lima e Roberto Vinicius Barragan agradeço pela revisão e sugestões de melhorias feitas ao livro. Agradeço também ao colega Luis Gustavo Alcântara Barros pela elaboração da figura apresentada na capa.

Agradeço à Universidade Petrobras através das suas gerências presentes e passadas pelo continuo apoio dado ao programa de certificação em controle de poço que utiliza o material apresentado no livro. Agradecimentos são extensivos ao Sr. Fernando Alves da Editora Blucher e a Sra. Lúcia Emília de Oliveira da Universidade Petrobras que através do Programa de Editoração de Livros Didáticos tornou possível esta publicação.

Finalmente gostaria de agradecer a minha esposa Janete, as minhas filhas Patrícia e Diana e a minha neta Giovanna pelo convívio e carinho a mim oferecidos ao longo dos anos. A elas, este livro é dedicado.

APRESENTAÇÃO

O Programa de Editoração de Livros Didáticos da Universidade da Petrobras (PELD) vem ao longo dos anos difundindo o conhecimento construído e a experiência acumulada por profissionais da Petrobras entre os integrantes da comunidade técnica e científica da área de petróleo no País. Os produtos deste programa constituem importante instrumento para a preservação da memória técnica da Petrobras e para o do desenvolvimento de profissionais da indústria brasileira do petróleo.

No âmbito da Petrobras, as publicações do PELD representam um recurso essencial para a capacitação de profissionais nos centros de desenvolvimento de recursos humanos da Companhia. A propósito, pode-se afirmar que este permanente esforço de capacitação é um dos elementos que contribui decisivamente para a preservação e para a ampliação da reconhecida competência técnica da Petrobras nos diversos segmentos da indústria do petróleo. Entre estes segmentos, destaca-se a atividade de perfuração de poços de petróleo, cujo sucesso é mensurado pela eficiência, economia e, principalmente, pela segurança de suas operações. Nessa linha, o conjunto de conhecimentos necessários à elaboração de um planejamento robusto, visando à execução segura das operações de perfuração, é o objeto deste livro editado pelo PELD.

O livro apresenta os princípios fundamentais, bem como as melhores práticas e procedimentos de controle de poço aplicáveis às operações de perfuração. O autor discorre ainda acerca dos itens de segurança de poço constantes em normas internacionais e brasileiras, destacando experiências com projetos e execuções de operações em controle de poço no Brasil e no exterior, assim como resultados de pesquisas nessa área de extrema importância da indústria do petróleo. O conteúdo desse livro vem sendo utilizado no formato de apostila e desenvolvido desde junho de 1996, quando a Petrobras se associou ao **WellCAP** da *International Association of Drilling Contractors* – **IADC**, que se destaca como o programa de certificação em controle de poço mais adotado na indústria. Vale mencionar também que este é o primeiro livro publicado em língua portuguesa a abordar este tema.

O autor é especialista na área de controle de poço e instrutor do programa **WellCAP**. Atualmente, representa a Petrobras junto ao programa **WellCAP**, é Consultor Sênior da Petrobras na área de perfuração e segurança de poço e preside a Seção Bahia-Sergipe da *Society of Petroleum Engineers* – **SPE**.

José Alberto Bucheb
Gerente Geral
Recursos Humanos/Universidade Petrobras

PREFÁCIO

Este livro destina-se primariamente aos cursos pertencentes ao programa **WellCAP** da *International Association of Drilling Contractors* – **IADC**, no nível de supervisão, na modalidade perfuração e nas duas opções: BOP de Superfície e BOP Submarino. Ele apresenta os princípios, as práticas e os procedimentos de controle de poço referentes às operações de perfuração. Não são escopos deste livro os equipamentos de segurança de poço e o controle de poço em operações de completação e *workover*, que serão objetos de outras duas publicações.

O texto apresenta aspectos de segurança de poço constantes em normas internacionais e brasileiras, procedimentos operacionais de segurança de poço, experiências com projetos e execuções de operações em controle de poço, no Brasil e no exterior, e resultados de pesquisas nessa área de extrema importância da indústria do petróleo. Ele está estruturado de forma a satisfazer os requisitos do programa **WellCAP** no que concerne ao material didático.

Na elaboração desse manual, procurou-se observar uma conceituação e uma nomenclatura coerente e em sintonia com os padrões nacionais e os internacionais. Apesar de o controle de poços em águas profundas ser seu foco principal, este livro poderá ser utilizado no treinamento neste assunto, em qualquer ambiente operacional.

CAPÍTULO 1

INTRODUÇÃO

DEFINIÇÃO DE *KICKS*

Uma das mais importantes funções do fluido de perfuração é exercer uma pressão no poço superior à pressão dos fluidos contidos nos poros das formações perfuradas pela broca. Se, por algum motivo, a pressão no poço se tornar menor que a pressão de uma formação e se esta possuir permeabilidade suficiente, deverá haver fluxo do fluido da formação para o interior do poço. A esse fluxo, dá-se o nome de *kick* e diz-se que o controle primário do poço foi perdido (Figura 1.1). Como a operação para a remoção do fluido invasor, que também recebe o nome

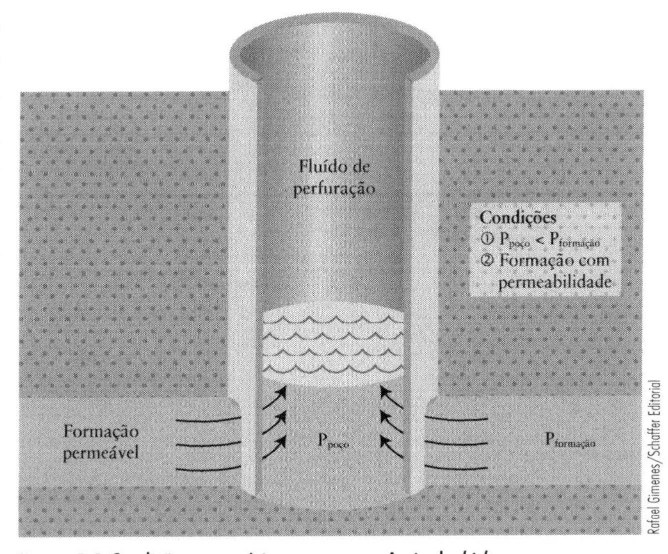

Figura 1.1 Condições necessárias para a ocorrência de *kicks*

de *kick*, envolve riscos operacionais, possibilidade de perda do poço e perda de tempo produtivo, as equipes das sondas devem estar treinadas para evitá-lo. Porém, se ele ocorre, essas equipes devem estar preparadas e as sondas equipadas para uma pronta detecção, contenção e remoção desse fluido invasor para fora do poço. Se a equipe da sonda falhar na sua detecção, contenção ou remoção do poço, o fluxo de fluido da formação pode ficar fora de controle, incorrendo em uma situação denominada de *blowout*.

Blowouts

Um *blowout* é definido como um fluxo descontrolado do reservatório para o poço e deste para a atmosfera, fundo do mar ou para outra formação exposta no poço. Se o fluxo atinge a superfície através do poço, tem-se uma situação chamada de *blowout* de superfície; se o fluxo chega à superfície através de fraturas na rocha que terminam na superfície como crateras, tem-se uma situação chamada de crateramento; se o fluxo é para o fundo do mar, tem-se um *blowout* submarino; e se existe um fluxo entre a formação produtora e outra formação não revestida no poço, tem-se um *underground blowout*. Alguns desses tipos de *blowouts* encontram-se esquematizados na Figura 1.2. Exemplos reais de *blowouts* são mostrados nas Figuras 1.3, 1.4 e 1.5. Independentemente do tipo de *blowout*, ele deve ser controlado de imediato. As unidades operacionais devem possuir planos de contingência para as primeiras ações a serem praticadas logo após o evento, ações para limitar a sua extensão e, finalmente, ações para o combate e controle do *blowout*.

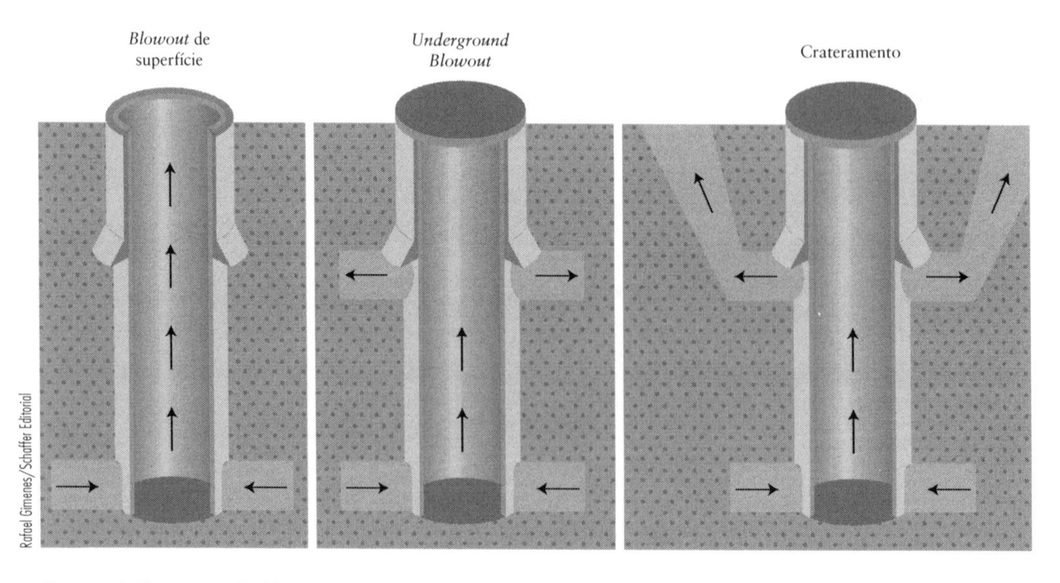

Rafael Gimenes/Schaffer Editorial

Figura 1.2 Alguns tipos de *blowouts*.

Fonte: http://www.sereneenergy.org/images/rig5.jpg

Figura 1.3 *Blowout* de superfície com ignição.

Fonte: http://en.wikipedia.org/wiki/File:Deepwater_Horizon_offshore_drilling_unit_on_fire_2010.jpg

Figura 1.4 *Blowout* submarino.

Fonte: http://en.wikipedia.org/wiki/File:IXTOC_I_oil_well_blowout.jpg

Figura 1.5 *Blowout* com poluição.

Os *blowouts* podem trazer perdas de vidas humanas, reservas e equipamentos, prejuízo à imagem da companhia operadora e danos ao meio ambiente. O treinamento em controle de poço dos membros das equipes; a manutenção e realização dos testes dos equipamentos do sistema de controle de poço; a observância das normas e procedimentos operacionais de segurança de poço; e a implementação da análise de risco e da gestão de mudanças são ações que minimizam a ocorrência de *blowouts*. Embora os *kicks* e *blowouts* sejam mais comuns na fase de perfuração do poço, eles podem ocorrer durante qualquer operação realizada no poço durante a sua vida produtiva e no seu abandono.

Controle de poço em águas profundas e ultraprofundas

O volume do fluido invasor no poço deve ser o mínimo possível. Em sondas flutuantes operando em águas profundas (300 a 1500 m) e ultraprofundas (acima de 1500 m), este aspecto é extremamente relevante em virtude das complicações e particularidades inerentes ao controle de poço nesses de ambiente de operação. A pronta detecção do *kick* torna-se assim imperativa. Essas complicações e particularidades são, em sua maioria, devidas ao tipo e a configuração dos equipamentos de segurança de poço utilizados nessas unidades flutuantes.

A Figura 1.6 mostra o esquema do sistema de equipamentos de controle de poço existente em unidades flutuantes. O **BOP** e a cabeça do poço estão localizados no fundo do mar. O *riser* de perfuração faz a ligação entre os equipamentos submarinos e a embarcação, tendo assim as funções de conduzir o fluido de perfuração até a superfície e de guiar as colunas de perfuração e de revestimento ao poço. Acontecendo o *kick*, o **BOP** é fechado e o acesso ao poço não pode ser feito mais por meio do *riser* e sim por duas linhas paralelas ligadas lateralmente ao *riser* chamadas de linhas do *choke* e de matar.

As principais complicações advindas da utilização desse sistema e agravadas com o aumento da profundidade d'água serão discutidas com mais detalhes ao longo do livro, principalmente no Capítulo 12. Elas são as seguintes:

- ocorrência de baixas pressões de fratura das formações;
- existência de perda de carga por fricção excessiva na linha do *choke*;
- necessidade de ajustes rápidos na abertura do *choke*, quando o gás entra na linha do *choke* e, posteriormente, quando ele a deixa, em razão da grande diferença entre a área transversal do espaço anular e da linha do *choke*;
- existência de baixas temperaturas (em torno de 4° C) na cabeça submarina do poço causando um resfriamento do fluido de perfuração e, assim, tornando-o mais viscoso e com maior propensão à formação de hidratos no BOP;

- possibilidade de haver gás no *riser*, após fechamento do **BOP**;
- possibilidade de haver gás aprisionado abaixo do **BOP**, após a circulação de um *kick*;
- uso de um incremento na massa específica do fluido de perfuração (Margem de Segurança do *Riser*), em virtude da possibilidade de desconexão de emergência;
- utilização do procedimento conhecido com o nome de *hang-off* no fechamento do poço. O *hang-off* consiste em apoiar parte do peso da coluna de perfuração por uma das suas conexões na gaveta de tubos fechada do **BOP** submarino.

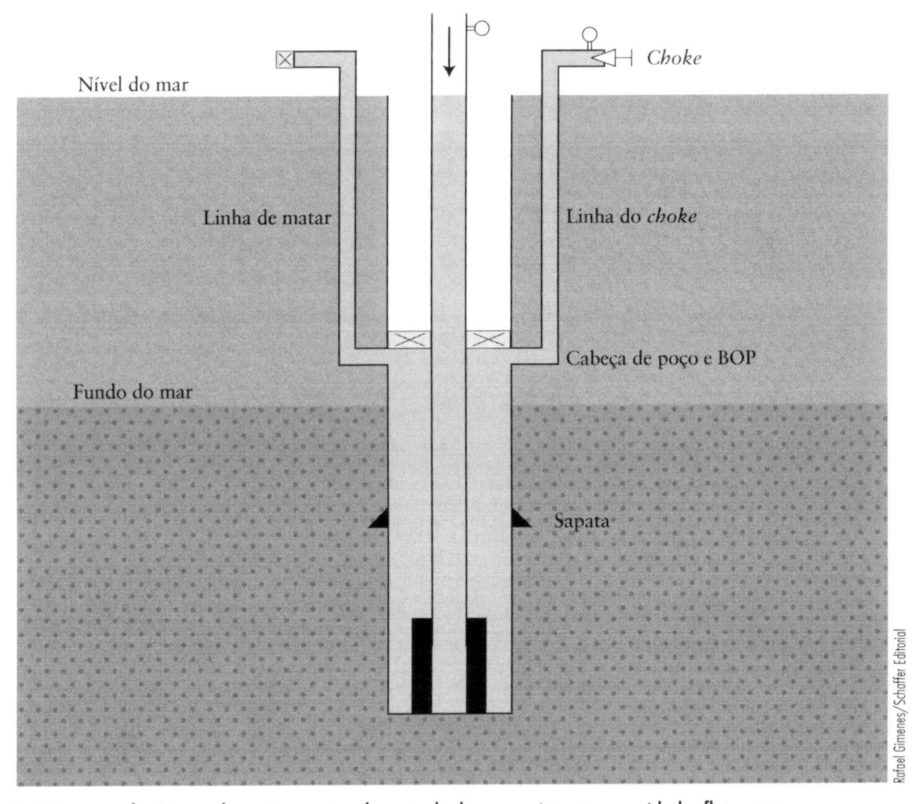

Figura 1.6 Esquema do sistema de equipamentos de controle de poço existente em unidades flutuantes.

2 CAPÍTULO

CONHECIMENTOS FUNDAMENTAIS DO CONTROLE DE POÇOS

FLUIDOS DE PERFURAÇÃO

O fluido de perfuração tem como um dos objetivos principais o controle primário do poço. Se a pressão exercida por ele se tornar menor que a pressão da formação, o controle primário do poço poderá ser perdido. Além de determinar as pressões no interior do poço, o fluido de perfuração tem as funções de remover os cascalhos debaixo da broca, carrear os cascalhos até a superfície, manter os cascalhos em suspensão, evitar o desmoronamento e fechamento do poço, além de resfriar e lubrificar a broca e a coluna de perfuração.

Os fluidos de perfuração podem ser líquidos, gasosos ou mistos (mistura de líquido e gás). Os fluidos de perfuração líquidos podem ser à base de água – que são os mais comuns – ou à base de óleo sintético – que são bastante utilizados em situações como a perfuração de formações salinas e em ambientes de alta pressão e alta temperatura, bem como na perfuração de poços direcionais e horizontais. Os gasosos podem ter como base o nitrogênio, o ar ou o gás natural, porém não são utilizados no Brasil. Os fluidos mistos podem ser classificados como névoas (concentração volumétrica de gás maior que 97,5%); espumas (concentração de gás entre 55 a 97,5%); ou fluidos aerados ou nitrogenados (concentração de gás menor que 55%). A Figura 2.1 apresenta alguns tipos de fluidos mistos. A aplicação mais comum desses fluidos é na perfuração chamada de sub-balanceada.

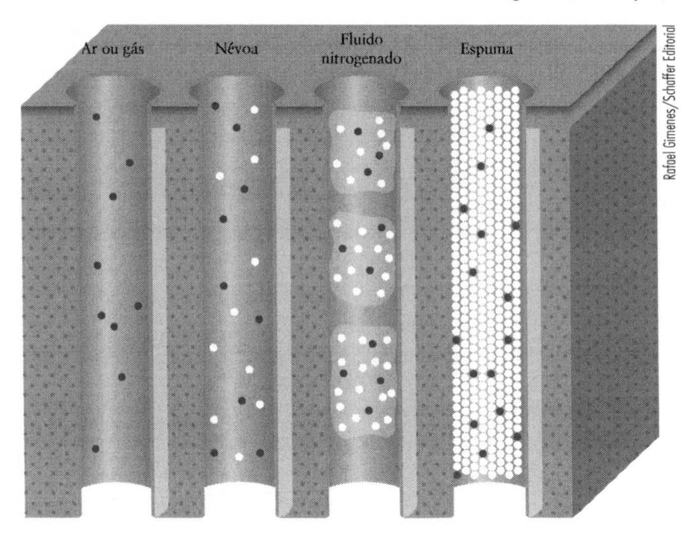

Figura 2.1 Tipos de fluidos mistos.

Outros tipos de fluidos podem estar presentes no poço durante a realização das operações. Os mais comuns são as pastas de cimento durante as operações de cimentação, primária e secundária e os fluidos de completação e intervenção, que normalmente não possuem sólidos em suspensão.

As propriedades mais importantes dos fluidos de perfuração, do ponto de vista do controle de poços, são as seguintes:

1. Massa específica. É definida como massa por unidade de volume, sendo expressa neste texto em libras por galão (lb/gal) e simbolizada pela letra grega ρ. Essa propriedade também é conhecida como peso ou densidade do fluido de perfuração. A massa específica é medida por meio da balança densimétrica, disponível em todas as sondas de perfuração, que afere esta propriedade na pressão atmosférica (Figura 2.2). Para leituras mais precisas, são utilizadas as balanças densimétricas pressurizadas, nas quais o ar ou o gás incorporado ao fluido de perfuração é comprimido (em torno de 30 psi) antes da medição.

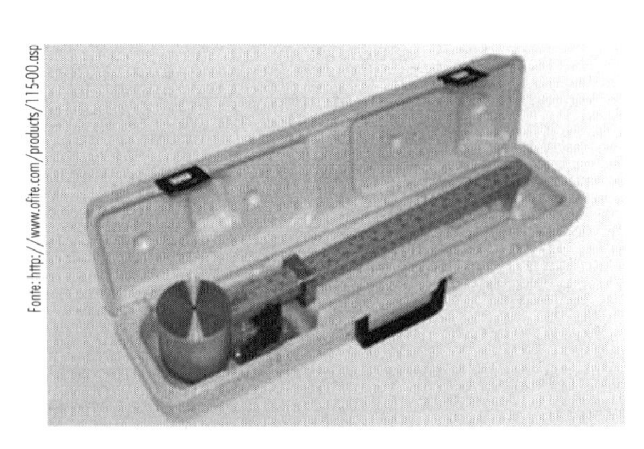

Figura 2.2 Balança densimétrica

No contexto da segurança do poço, a massa específica tem sua importância evidenciada por:

- Desenvolver a pressão hidrostática que irá evitar o fluxo dos fluidos das formações para o interior do poço. O seu valor ideal é aquele igual à massa específica equivalente da pressão de formação esperada na fase do poço em perfuração, acrescida de uma margem de segurança normalmente de 0,3 a 0,5 lb/gal. Valores elevados de massa específica podem gerar problemas na perfuração, como dano à formação, redução da taxa de penetração, prisão por pressão diferencial e perda de circulação.
- Influenciar na perda de carga por fricção no regime turbulento e no fluxo através de orifícios (jatos da broca e no *choke*). Nessas duas situações, a perda de carga é diretamente proporcional à massa específica do fluido.
- Indicar uma possível contaminação por fluidos da formação (corte de gás, óleo ou água salgada) quando ocorrer uma redução dessa propriedade no fluido que retorna do poço.

2. Parâmetros reológicos – São propriedades que se referem ao fluxo de fluidos no sistema de circulação sonda-poço. Os parâmetros reológicos mais comuns utilizados no campo são: (1) a viscosidade plástica (μ_p), que é dependente da concentração de sólidos no fluido de perfuração e é expressa em centipoise e (2) o limite de escoamento (τ_l), que é resultado da interação eletroquímica entre os sólidos do fluido, e é expresso em lbf/100 pe^2. Esses parâmetros são definidos no modelo reológico binghamiano sendo responsáveis pela estimativa da perda de carga por fricção no regime laminar. Assim, desempenham um papel importante na pressão de bombeio e na pressão em um determinado ponto do poço durante a circulação, bem como no pistoneio hidráulico (a ser discutido posteriormente). Esses parâmetros são determinados utilizando-se ensaios do fluido de perfuração em viscosímetros rotativos.

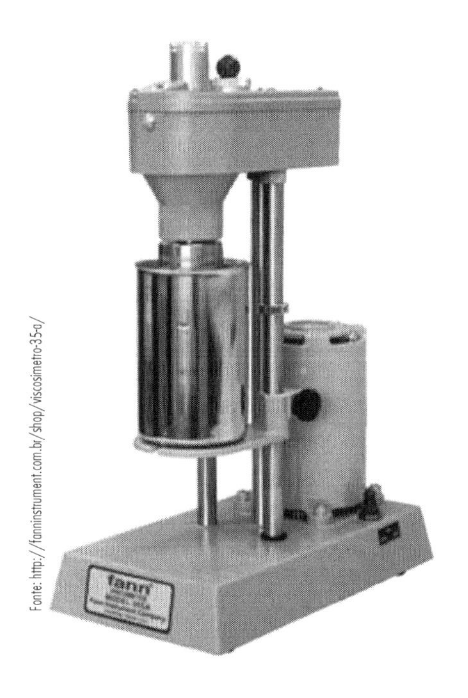

Fonte: http://fanninstrument.com.br/shop/viscosimetro-35-a/

Figura 2.3 Viscosímetro rotativo.

O viscosímetro rotativo mais comum é o FANN Modelo 35 mostrado na Figura 2.3. Alterações nos seus valores podem indicar uma contaminação do fluido de perfuração por um influxo. Diluições e adições de aditivos de adensamento ao fluido de perfuração podem alterar essas propriedades, tornando necessário, em certos casos, um tratamento do fluido de perfuração para o restabelecimento dos seus valores adequados.

3. Força gel – Representa a resistência ao movimento do fluido de perfuração a partir do repouso, sendo expressa em lbf/100 pe^2. Essa propriedade é também medida em viscosímetros rotativos. Força gel alta resulta em pressões de pistoneio elevadas, em dificuldade na separação do gás da lama na superfície, em redução da velocidade de migração do gás e em dificuldade na transmissão de pressão por meio do fluido de perfuração.
4. Salinidade – Representa a concentração de sais dissolvidos no fluido de perfuração. É medida por meio de métodos de titulação. Alterações nessa propriedade podem indicar *kicks* de água doce ou salgada em um fluido à base de água.

Outras propriedades, como o teor de sólidos, teor de bentonita, pH e filtrado, não são significativas, do ponto de vista do controle do poço.

Pressão e pressão hidrostática (Ph)

Pressão é um conceito físico definido como força aplicada sobre uma unidade de área. Neste livro, a unidade para a pressão utilizada é libra-força por polegadas ao quadrado, ou psi. Essa pressão é conhecida como manométrica. Quando a lei dos gases ou as equações dela derivadas são utilizadas, emprega-se a pressão absoluta, cuja unidade é psia, que é o valor da pressão manométrica adicionado de 14,7 psi.

Pressão hidrostática é a pressão exercida por uma coluna de fluido em repouso. Para os líquidos, essa pressão é dada por:

$$P_h = 0,17 \cdot \rho_m \cdot D \qquad (2.1)$$

onde:

P_h é a pressão hidrostática do líquido, em psi;

ρ_m é a massa específica do fluido, em lb/gal;

D é a altura de líquido, em metros.

Percebe-se, pela fórmula, que a pressão hidrostática é uma função direta da massa específica e da altura de fluido no poço. Assim, o abaixamento do nível de fluido resulta em uma diminuição da pressão hidrostática no poço. Quando existem mais de dois tipos de líquidos no poço, a Equação 2.1 pode ser aplicada para cada intervalo, considerando a massa específica e altura de fluido correspondente. A pressão atuando no fundo do poço será dada pelo somatório das pressões hidrostáticas calculadas em cada intervalo. É importante lembrar que, para o cálculo da pressão hidrostática, a profundidade a ser usada é a vertical e não a medida.

Exemplo de aplicação:

Determine a pressão hidrostática atuando no fundo de um poço vertical de 3 000 metros de profundidade, com fluido de perfuração de 10 lb/gal.

Solução:

$P_h = 0{,}17 \cdot 10 \cdot 3\,000 = 5\,100$ psi

Em certas situações, conhece-se o volume de fluido contido num determinado poço, tubulação ou espaço anular. Assim, o comprimento ocupado pelo fluido L pode ser calculado pela seguinte equação:

onde:

$$L = \frac{L}{C} \tag{2.2}$$

onde:

L é o comprimento ocupado pelo fluido, em metros;

V é o volume de fluido, em bbl;

C é a capacidade, em bbl/m.

A capacidade é o volume contido em um comprimento unitário de poço, de tubulação ou de espaço anular. Para um espaço anular, a capacidade em bbl/m pode ser calculada pela equação abaixo:

$$C = 0{,}00319 \cdot (d_e^2 - d_i^2) \tag{2.3}$$

onde d_e e d_i são, respectivamente, os diâmetros externo e interno do espaço anular, expressos em polegadas. Para interior de tubos ou poços, d_i é nulo e d_e é o diâmetro interno do tubo ou o diâmetro do poço.

Exemplo de aplicação:

Determine a pressão hidrostática exercida por 300 bbl de fluido de perfuração de 10 lb/gal em um poço vertical de 8 ½".

Solução:

$C = 0{,}00319 \cdot 8{,}5^2 = 0{,}2305$ bbl/m

$L = 300 / 0{,}2305 = 1\,301{,}5$ m

$P_h = 0{,}17 \cdot 10 \cdot 1\,301{,}5 = 2\,213$ psi

No caso de gases, a pressão hidrostática é estimada por:

$$P_h = P_B - P_T \tag{2.4}$$

e,

$$P_B = P_T \cdot e^{\frac{\gamma_g \cdot \Delta H}{16{,}3 \cdot Z \cdot (T + 460)}} \tag{2.5}$$

onde:

$\mathbf{P_h}$ é a pressão hidrostática do gás, em psi;

$\mathbf{P_T}$ e $\mathbf{P_B}$ são respectivamente as pressões absolutas no topo e na base do gás; em psia;

γ_g é a densidade do gás em relação ao ar;

$\mathbf{\Delta H}$ é a altura da coluna de gás, em metros;

Z é o fator de compressibilidade do gás,

T é a temperatura do gás; o °F.

Exemplo de aplicação:

Determine a pressão que atua no fundo de um poço vertical de 3 000 metros de profundidade, cheio de gás com densidade de 0,65 (em relação ao ar), e cuja pressão na cabeça é de 3 106 psi. A temperatura média e o fator de compressibilidade médio do gás são respectivamente 100 °F e 0,85. Determine também a pressão hidrostática gerada por esse gás.

Solução:

$P_T = 3\,106 + 14{,}7 = 3\,121$ psia

$$P_B = 3\,121 \cdot e^{\frac{0{,}65 \cdot 3\,000}{16{,}3 \cdot 0{,}85 \cdot (100 + 460)}}$$

$P_B = 4\,013$ psia ou $P_B = 4\,013 - 14{,}7 = 3\,998$ psi

$P_h = 3\,998 - 3\,106 = 892$ psi

Gradiente de pressão (Gp)

É a razão entre a pressão atuando em um determinado ponto e a profundidade vertical deste ponto. Isto é,

$$G_p = \frac{P}{D} \tag{2.6}$$

onde:

G_p é o gradiente de pressão, em psi/metro;

P é a pressão em um determinado ponto, em psi;

D é a profundidade do ponto em consideração, em metros.

O gradiente de pressão hidrostática representa a normalização da pressão com a profundidade e está relacionado à massa específica do fluido de perfuração pela seguinte expressão:

$$G = 0{,}17 \cdot \rho_m \tag{2.7}$$

Massa específica ou densidade equivalente (ρ_e)

Muitas vezes, a pressão **P** em um determinado ponto **D** é expressa em termos de massa específica equivalente. O seu valor pode ser calculado por meio da seguinte expressão:

$$\rho_e = \frac{P}{0{,}17 \cdot D} \tag{2.8}$$

ρ_e é a massa específica equivalente em lb/gal.

Exemplo de aplicação:

Em um poço de 2 500 metros de profundidade e fluido de perfuração de 9,3 lb/gal, registrou-se, na superfície, durante o seu fechamento, uma pressão no tubo bengala de 300 psi. Determine a massa específica equivalente no fundo do poço.

Solução:

$$P_p = 300 + 0{,}17 \cdot 9{,}3 \cdot 2\,500 = 4\,253 \text{ psi}$$

$$\rho_e = \frac{4\,253}{0{,}17 \cdot 2\,500} = 10 \text{ lb/gal}$$

Pressão da formação (Pp)

É a pressão dos fluidos contidos nos poros de uma determinada formação. Se a pressão da formação está situada entre os valores de pressões hidrostáticas originadas por fluidos de 8,34 lb/gal e 9 lb/gal na profundidade dessa formação, ela é dita estar normalmente pressurizada. Esses valores de massa específica correspondem respectivamente à água doce e à água salgada com, aproximadamente, 80 000 ppm.

Acima dessa faixa de massas específicas, a formação é dita portadora de pressão anormalmente alta. A origem da pressão anormalmente alta, normalmente, está associada à rápida deposição de sedimentos, reduzindo, assim, a velocidade normal de expulsão da água dos seus poros durante esse processo de deposição. Isso resulta no fenômeno de subcompactação, origem da pressão anormalmente alta. Existem outros fenômenos que explicam a origem de pressões anormalmente altas a serem vistos no Capítulo 4. A perfuração em zonas de pressão anormalmente alta deve ser bem monitorada para evitar que o valor da pressão na formação perfurada pela broca torne-se maior que a pressão no poço frente a essa formação.

As formações portadoras de pressões anormalmente baixas (massa específica equivalente menor que 8,34 lb/gal) estão associadas a fenômenos de depleção. Elas possuem baixas pressões de fratura causando problemas de perda de circulação.

Pressões no sistema sonda-poço

Uma maneira eficaz de se entender o comportamento das pressões existentes no interior de um poço é utilizar o conceito de tubo em "U", em que o interior da coluna de perfuração representa um ramo do tubo, enquanto o espaço anular representa o outro. Em condições estáticas, a pressão a montante dos jatos da broca (interior da coluna) é igual à pressão à jusante (espaço anular) deles.

Exemplo de aplicação:

O poço da Figura 1.1 foi fechado após a detecção de um *kick* de gás com um gradiente hidrostático de 0,3 psi/m. Sua profundidade é de 2 500 metros e a do mar é de 700 metros. As massas específicas do fluido de perfuração no poço e do fluido existente no interior da linha do *choke* são respectivamente de 9,0 e 8,5 lb/gal. Determine as pressões na superfície, após o seu fechamento. Considere que a formação produtora do *kick* tem uma pressão equivalente a 9,5 lb/gal e que a altura do *kick* no espaço anular é de 200 metros.

Solução:

$$P_p = 0,17 \cdot 2\,500 \cdot 9,5 = 4\,037,5 \text{ psi}$$

A pressão na superfície pelo interior da coluna é calculada por:

$$P_{sup\text{-}interior} = 4\,037,5 - 0,17 \cdot 2\,500 \cdot 9,0 = 212,5 \text{ psi}$$

A pressão na superfície no *choke* é calculada por:

$$P_{sup\text{-}choke} = 4\,037,5 - 0,3 \cdot 200 - 0,17 \cdot 8,5 \,.\, 700 - \\ - 0,17 \cdot (2\,500 - 700 - 200) \cdot 9,0 = 518 \text{ psi}$$

Quando o fluido de perfuração é circulado pelo sistema sonda–poço, aparecem as pressões dinâmicas referidas como perdas de carga por fricção (interior dos tubos e espaços anulares) e localizadas (orifícios como os jatos da broca e o *choke*), conforme mostrado na Figura 2.4. Os valores das perdas de carga por fricção no regime turbulento e das perdas de carga localizadas são diretamente proporcionais à massa específica do fluido em circulação e aproximadamente proporcionais ao quadrado da vazão de circulação ou da velocidade da bomba. As perdas de carga por fricção são proporcionais ao comprimento do conduto.

Exemplo de aplicação:

A pressão de circulação durante a perfuração é de 2 500 psi para uma velocidade da bomba de 100 spm e massa específica do fluido de perfuração de 9 lb/gal. Decidiu-se elevar a massa específica do fluido de perfuração em 1 lb/gal e reduzir a velocidade da bomba para 90 spm. Estime a pressão de bombeio nessa nova situação.

Solução:

Correção devida à massa específica:

$$P_{bombeio} = 2\,500 \cdot \frac{10}{9} = 2\,778 \text{ psi}$$

Correção devida à variação da velocidade da bomba

$$P_{bombeio} = 2\,778 \cdot \left(\frac{90}{100}\right)^2 = 2\,250 \text{ psi}$$

A pressão de bombeio em uma sonda de perfuração é dada pelo somatório de três parcelas: a) perdas de carga nas seguintes partes do sistema: equipamentos de superfície, interior dos tubos de perfuração e dos comandos, jatos da broca e nos vários espaços anulares (poço–comandos, poço–tubos de perfuração etc.); b) contrapressão na superfície gerada normalmente pelo *choke* (no caso da perfuração normal este valor é zero); e c) diferença entre as pressões hidrostáticas do fluido do interior da coluna e o do espaço anular (para um fluido homogêneo, essa diferença é nula).

Conforme mostrado na Figura 2.4, as perdas de cargas nas várias seções e equipamentos do sistema de circulação de uma sonda flutuante durante a perfuração são os seguintes: equipamentos de superfície (ΔP_{eq}), interior dos tubos de perfuração ($\Delta P_{i\text{-}DP}$), interior dos comandos de perfuração ($\Delta P_{i\text{-}DC}$), jatos da broca (ΔP_b), espaço anular dos comandos ($\Delta P_{an\text{-}DC}$), espaço anular tubos considerando o trecho em poço aberto e revestido ($\Delta P_{an\text{-}DP}$) e espaço anular entre os tubos e o *riser* de perfuração ($\Delta P_{r\text{-}DP}$). A pressão de bombeio será o somatório dessas parcelas de perdas de carga, considerando o fluido de perfuração homogêneo no sistema.

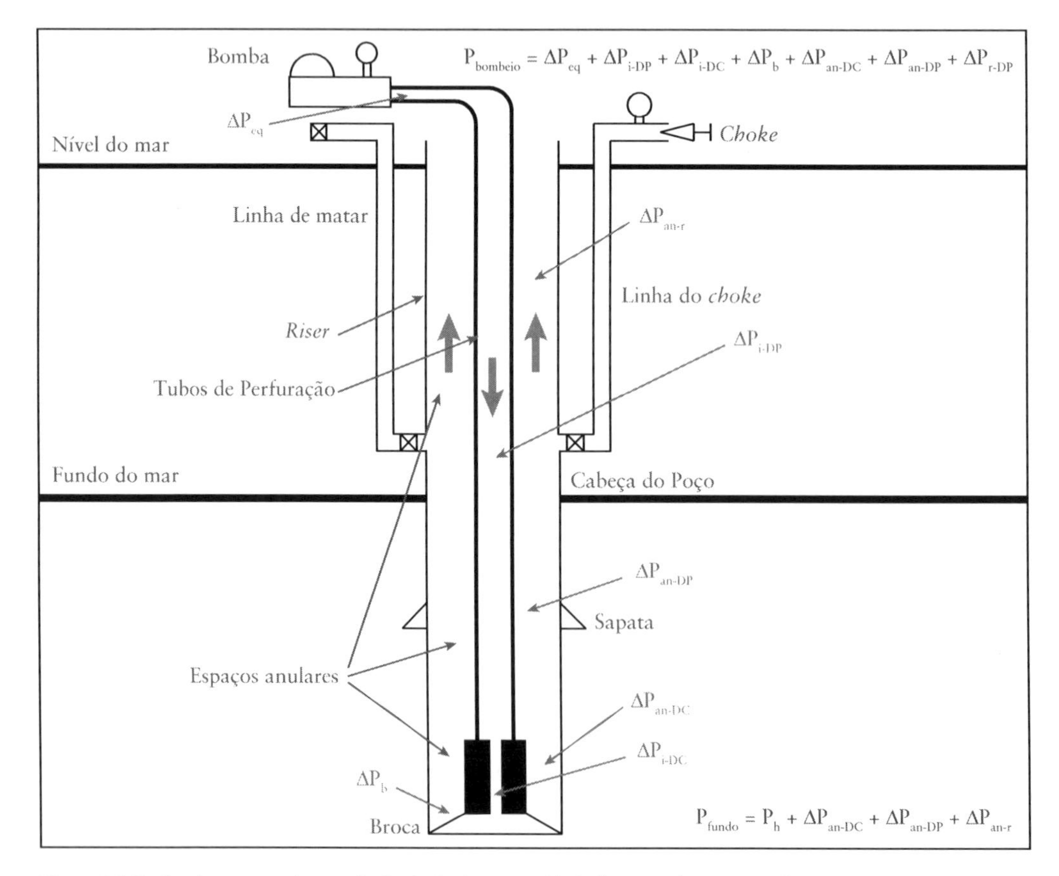

Figura 2.4 Perdas de carga no sistema de circulação de uma unidade flutuante durante a perfuração.

Durante a circulação do *kick*, as perdas de carga por fricção que ocorrem no interior da linha do *choke* (ΔP_{cl}) bem como a pressão localizada no *choke* (P_{choke}) devem também ser acrescidas à pressão de bombeio e, como consequência, agirão na sapata do último revestimento assentado (ver Figura 2.5). Em situações de águas profundas, essas perdas de cargas podem ser expressivas em virtude do longo comprimento da linha do *choke*, tornando assim a operação de circulação do *kick* para fora do poço crítica, por causa dos baixos gradientes de pressão de fratura encontrados nessas situações. Para minimizar o problema, durante a circulação do *kick*, as perdas de cargas por fricção na linha do *choke* são compensadas por um aumento adicional na abertura do *choke*.

A pressão em qualquer ponto do sistema é dada pela soma da pressão hidrostática com as perdas de carga por fricção desde o ponto em consideração até a superfície (Figuras 2.4 e 2.5) ou alternativamente, com a pressão de bombeio, subtraída das perdas de cargas desde a bomba até o ponto em consideração. Assim, durante a perfuração normal, a pressão no fundo do poço é dada pela soma da pressão hidrostática no fundo do poço com as perdas de carga por fricção no espaço anular. A massa específica equivalente a essa pressão é conhecida pela sigla **ECD** (*equivalent circulating density*), ou seja, densidade equivalente de circulação no fundo do poço.

Se a pressão em frente a uma formação é maior que a sua pressão de poros, diz-se que o diferencial de pressão aplicado sobre essa formação é positivo. Caso contrário, ele é dito negativo.

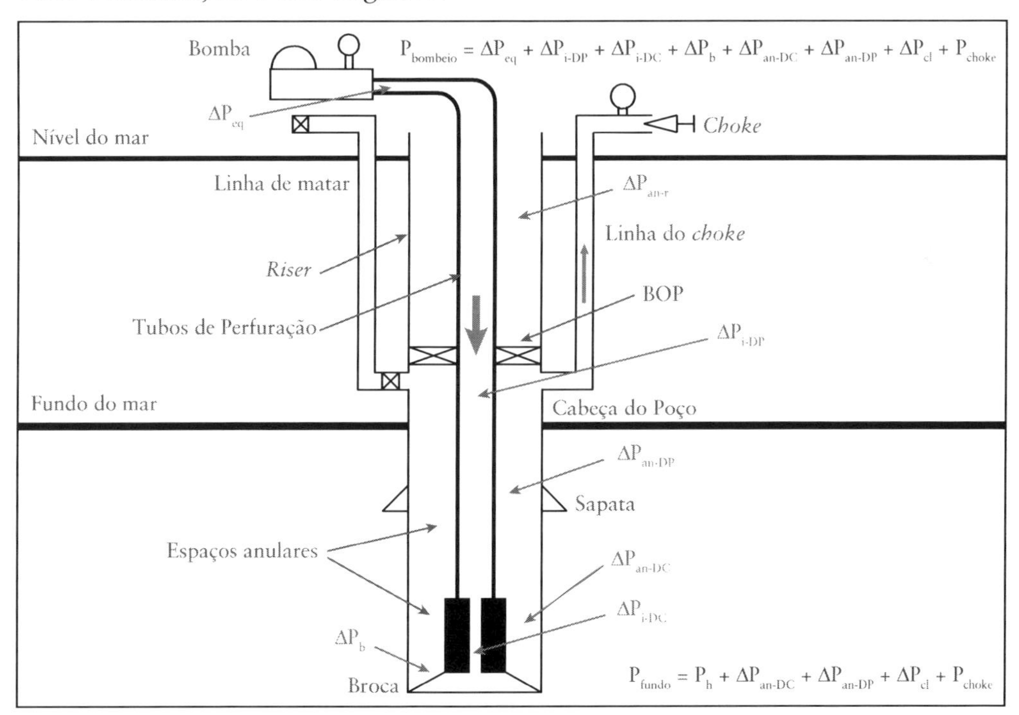

Figura 2.5 Perdas de carga no sistema de circulação de uma unidade flutuante durante a perfuração.

Exemplo de aplicação:

Determine a pressão de bombeio e as pressões atuando no fundo do poço e no topo dos comandos e as ECDs correspondentes para a seguinte condição de perfuração:

Unidade de perfuração marítima operando em águas profundas

Poço fechado e circulando pela linha do *choke*	
Massa específica da lama:	12 lb/gal
Profundidade do poço:	2 500 metros
Profundidade d´água:	700 metros
Comprimento da coluna de comandos:	150 metros
Perdas de carga:	equipamentos de superfície – 100 psi
	interior dos tubos – 500 psi
	interior dos comandos – 100 psi
	broca – 1 000 psi
	anular-comandos – 100 psi
	anular-tubos – 100 psi
	anular riser-tubos – 0 psi
	linha do *choke* – 200 psi

Solução:

Pressão de bombeio:

$$P_{bombeio} = 100 + 100 + 500 + 1\,000 + 100 + 100 + 200 = 2\,100 \text{ psi}$$

Pressão atuando no fundo do poço:

$$P_{fundo} = 0{,}17 \cdot 12 \cdot 2500 + 100 + 100 + 200 = 5\,500 \text{ psi}$$

$$P_{fundo} = 5\,100 + 100 + 100 + 200 = 5\,500 \text{ psi, ou alternativamente,}$$

$$P_{fundo} = 5\,100 + 2\,100 - 100 - 100 - 500 - 1\,000 = 5\,500 \text{ psi}$$

$$ECD_{fundo} = \frac{5\,500}{0{,}17 \cdot 2\,500} = 12{,}94 \text{ lb/gal}$$

Pressão atuando no topo da seção de comandos:

$$P_{topo\text{-}DC} = 0{,}17 \cdot 12 \cdot (2\,500 - 150) + 100 + 200$$

$$P_{topo\text{-}DC} = 4794 + 100 + 200 = 5094 \text{ psi, ou alternativamente,}$$

$$P_{topo\,DC} = 4794 + 2100 - 100 - 100 - 500 - 1000 - 100 = 5094 \text{ psi}$$

$$ECD_{topo\text{-}DC} = \frac{5094}{0{,}17 \cdot 2350} = 12{,}75 \text{ lb/gal}$$

Pressão de fratura (P_f)

É a pressão que produz a falha mecânica de uma formação com a resultante perda de fluido. O conhecimento da pressão de fratura é de fundamental importância no projeto do poço, na determinação das profundidades de assentamento das sapatas dos revestimentos descidos e durante as operações de controle de poços em que o seu valor não deve ser excedido, evitando-se, assim, a fratura da formação. Essa pressão é estimada por meio de procedimentos de cálculo semiempíricos para a área em consideração ou diretamente por meio dos testes de absorção. Do ponto de vista do controle de poços, determina-se a pressão de fratura da formação mais próxima da sapata do último revestimento assentado. Quando essa pressão não é determinada diretamente ou não é disponível, a Equação 2.9 poderá ser usada para se obter uma estimativa do seu valor:

$$P_f = K \cdot (P_o - P_p) + P_p \qquad (2.9)$$

onde:

P_f é a pressão de fratura da formação, em psi;

P_o é pressão de sobrecarga (*overburden*) na formação, em psi;

P_p é a pressão de poros da formação, em psi;

K é o coeficiente de tensões na matriz.

A pressão de sobrecarga, que é gerada pelo peso da coluna litostática, deve ser estabelecida para a região em consideração por meio de dados de perfis de densidade total das formações obtidos ou sônicos, durante a perfilagem dos seus poços. O coeficiente de tensões na matriz também deve ser determinado para a área em consideração, utilizando-se dados de testes de absorção lá realizados. Quando esses parâmetros não são conhecidos pode-se utilizar, com reservas, os gráficos mostrados respectivamente nas Figuras 2.6 e 2.7.

Em locações marítimas, o gradiente de fratura é menor para uma mesma profundidade de poço que o encontrado em uma locação terrestre. Conforme será mostrado no exemplo de aplicação a seguir, a razão para esse comportamento é que a profundidade d'água contribui para uma redução da pressão de sobrecarga P_o atuante nas formações. Assim, na perfuração em águas profundas, são observadas baixas pressões de fratura, tornando as operações de controle de poços mais críticas.

Exemplo de aplicação:

Estimar a pressão de fratura de uma formação na profundidade de 3 000 metros, em uma perfuração com profundidade d'água de 1 000 metros. Utilizar as Figuras 2.6 e 2.7 na resolução do exemplo. A massa específica equivalente de pressão de poros dessa formação é de 9 lb/gal.

Solução:

Comprimento da coluna litostática: 3 000 – 1 000 = 2 000 m

Assim, ρ_o = 18 lb/gal (Figura 2.6) e K = 0,725 (Figura 2.7)

$$P_o = 0{,}17 \cdot (2\,000 \cdot 18 + 1\,000 \cdot 8{,}5) = 7\,565 \text{ psi}$$

$$P_p = 0{,}17 \cdot 3\,000 \cdot 9 = 4\,590 \text{ psi}$$

$$P_f = 0{,}725 \cdot (7\,565 - 4\,590) + 4\,590 = 6\,747 \text{ psi}$$

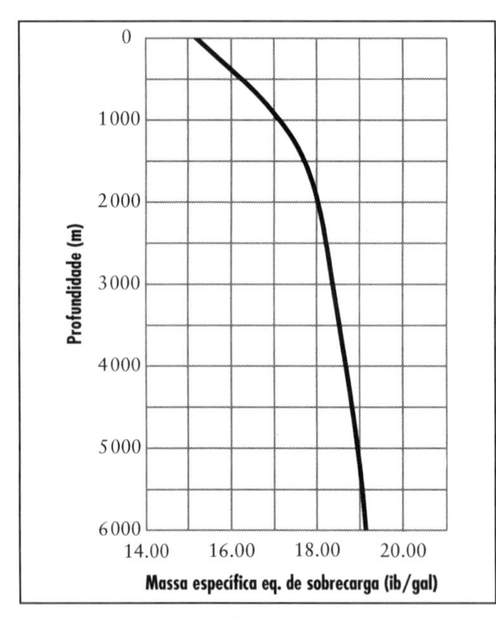

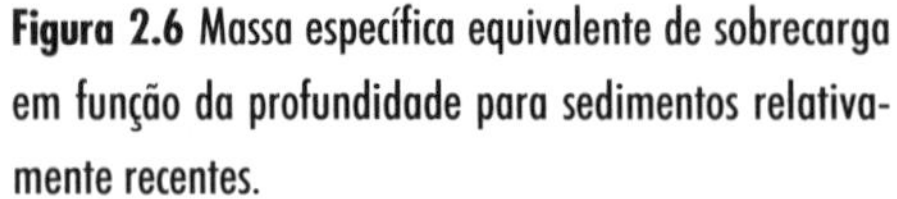
Figura 2.6 Massa específica equivalente de sobrecarga em função da profundidade para sedimentos relativamente recentes.

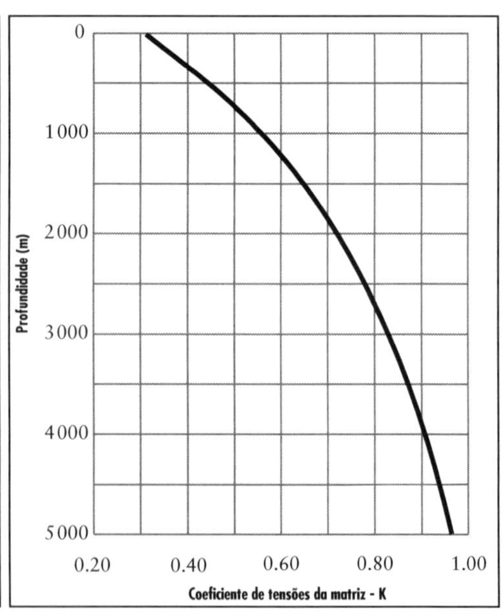

Figura 2.7 Coeficiente de tensões da matriz (K).

A pressão de fratura pode ser medida diretamente através de um teste de absorção. O teste consiste em bombear fluido de perfuração à baixa vazão no poço com o **BOP** fechado. O aumento de pressão de bombeio na superfície é registrado e traçado em um gráfico, em função do volume de fluido injetado, conforme está mostrado na Figura 2.8. Em um teste típico, o trecho reto **OA** representa a compressão da lama no interior do poço. O trecho curvo começando no ponto **O** é devido à existência de ar nas linhas de injeção. No ponto **A**, a curva começa a perder a linearidade, indicando que a formação começa a absorver fluido. Esse ponto é conhecido como pressão de absorção lida na superfície. A rigor, o teste deve ser interrompido nesse instante. Porém, para que o operador certifique-se de que a pressão de absorção foi atingida, o teste pode ser prolongado, entretanto sem atingir o ponto **B**, que corresponde à fratura plena da formação.

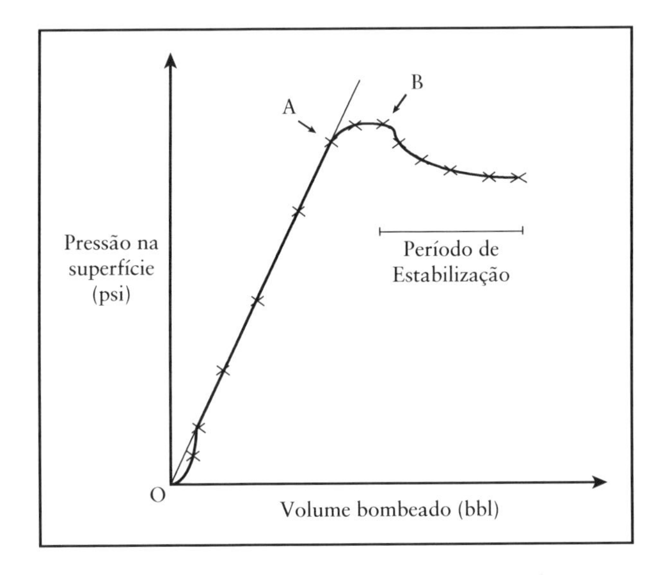

Figura 2.8 Curva típica de um teste de absorção.

O procedimento operacional para a realização de um teste de absorção em uma unidade flutuante de perfuração pode ser resumido nos seguintes passos:

1. Testar o revestimento e perfurar aproximadamente 25 m abaixo da sapata.
2. Circular e condicionar a lama. A massa específica de entrada deve ser igual à de saída e a força gel a menor possível.
3. Posicionar a broca acima da sapata; encher com lama e testar (2 500 psi) as linhas de injeção que ligam a unidade de cimentação à cabeça de injeção conectada à coluna de perfuração.
4. Fechar a gaveta vazada de tubos do BOP; em flutuantes, fazer o *hang off* da coluna de perfuração e ajustar a pressão no compensador de movimentos de modo a tracionar a coluna da superfície ao BOP com 10 000 lbs de *overpull*; manter fechada as válvulas das linhas do *choke* e de matar.

5. Bombear, pela coluna de perfuração, fluido de perfuração em uma vazão entre ¼ e ½ bpm e traçar em um gráfico (pressão de bombeio x volume injetado) as pressões a cada ¼ de barril injetado. Quando o ponto de absorção ou um valor predeterminado de pressão é atingido, o bombeio deve ser interrompido. Se a formação que está sendo testada é plástica, bombear mais 0.5 bbl para confirmar a saída do comportamento linear, antes da parada da bomba.
6. Após a parada da bomba, aguardar aproximadamente 10 minutos e registrar a pressão de estabilização; aliviar lentamente a pressão; registrar o volume de retorno comparando-o com o injetado.
7. Converter a pressão de absorção lida na superfície em massa específica equivalente de absorção (ou de fratura) na sapata pela equação:

$$\rho_{abs} = \rho_m + \frac{P_{abs}}{0,17 \cdot D_{CSG}} \qquad (2.10)$$

onde D_{CSG} é a profundidade vertical da sapata em metros.

Em algumas situações é realizado o teste de integridade da formação. Ele consiste em pressurizar a formação até um limite pré-fixado correspondente a uma massa específica de um fluido que poderá ser utilizado no futuro. Se durante o teste a pressão de absorção for atingida, o teste deve ser interrompido imediatamente.

Exercícios

2.1) Cálculos sobre pressão hidrostática, gradiente de pressão e massa específica equivalente:

a) Converter massa específica em gradiente de pressão em psi/m:

13,5 lb/gal;

8,3 lb/gal;

14,0 lb/gal.

b) Converter gradiente de pressão em massa específica em lb/gal:

2,460 psi/m;

1,640 psi/m;

1,420 psi/m.

c) Calcular a pressão hidrostática em psi no fundo do poço para as seguintes situações:

Fluido de 13,5 lb/gal em um poço de 3000 m e TVD de 3000 m;

Fluido de 9,5 lb/gal em um poço de 2500 m e TVD de 2200 m;

Fluido de 2,04 psi/m em um poço de 1500 m e TVD de 1200 m.

d) Calcular a massa específica equivalente:

Formação com 3500 psi a 2150 m e TVD de 2 150 m;

Formação com 1,900 psi/m a 3000 m e TVD de 2 900 m;

Formação com 5500 psi a 4000 m e TVD de 2 500 m.

2.2) Determinar o volume do colchão de lavagem que gera um diferencial de pressão positivo no fundo do poço em condições estáticas de 400 psi ao final do deslocamento da pasta de cimento. Estimar também a pressão final de bombeio (desconsiderando as perdas de carga por fricção) sabendo-se que a pasta de cimento foi deslocada com o mesmo tipo de fluido que está no poço. Utilize os seguintes dados:

1ª pasta de cimento: massa específica – 13,5 lb/gal; comprimento – 500 m.

2ª pasta de cimento: massa específica – 15,8 lb/gal; comprimento – 100 m.

Colchão de lavagem: massa específica – 8,5 lb/gal

Fluido de perfuração: massa específica – 11,0 lb/gal.

Profundidade do poço:	3 000 m
Pressão da formação no fundo do poço:	5 300 psi
Capacidade do espaço anular a ser cimentado:	0,183 bbl/m

2.3) Determinar o nível de fluido no interior de uma coluna de perfuração com diâmetro interno de 4,276" após terem sido bombeados 10 bbl de tampão de manobra com massa específica de 12 lb/gal. A massa específica do fluido no poço é de 10 lb/gal.

2.4) Após a descida sem abastecimento de dez tubos de revestimento com comprimento de 11 metros e capacidade de 0,23 bbl/m, a sapata flutuante falhou permitindo o fluxo de fluido de perfuração de 10 lb/gal para o interior da coluna de revestimento. A 800 metros de profundidade existe uma formação permeável portadora de gás com 1300 psi de pressão. Determinar se haverá *kick* sabendo-se que a capacidade do espaço anular é de 0,20 bbl/m.

2.5) Sabendo-se que,

Temperatura média do gás:	100 °F
Massa específica do fluido no poço:	9 lb/gal
Profundidade da sapata do último revestimento:	2000 m
Profundidade do poço:	3000 m
Densidade do gás:	0,65
Pressão da formação no fundo do poço:	4000 psi

a) Determinar a pressão hidrostática no fundo do poço e o gradiente de pressão do fluido. Determinar também o diferencial de pressão sobre a formação, em termos de massa específica equivalente.

b) O poço entrou em *blowout* e toda a lama foi expulsa do poço. O BOP foi fechado em seguida. Nessa situação, determinar a pressão na superfície, considerando um fator de compressibilidade do gás de 0,85 e a pressão hidrostática do gás. Determinar também o gradiente médio e a massa específica média do gás.

2.6) Considerando que a pressão da formação na sapata do revestimento a 2 000 m de profundidade equivale a uma lama de 8,5 lb/gal, determine a pressão de fratura dessa formação. Recalcular o problema, considerando a perfuração a partir de uma unidade flutuante em profundidade d'água de 500 m. A massa específica da água do mar é de 8,5 lb/gal.

2.7) Durante o teste de absorção a 2 500 m de profundidade, efetuado após a cimentação do último revestimento e corte da sapata, registrou-se uma pressão de 2 400 psi na superfície como correspondente à pressão de absorção para um fluido de perfuração de 10,0 lb/gal. Determinar então:

a) a massa específica equivalente de fratura da formação frente à sapata desse revestimento.

b) caso a massa específica do fluido de perfuração seja aumentada para 11,0 lb/gal, qual seria a máxima pressão permissível no *choke* para que não haja fratura do poço no instante do seu fechamento após um *kick*?

2.8) Em um poço de petróleo com 2 600 m de profundidade, um fluido de perfuração com massa específica de 9 lb/gal desloca outro de 9,5 lb/gal no interior do espaço anular. A interface entre os dois fluidos está a 1 000 m de profundidade (no espaço anular) e as perdas de carga por fricção nos anulares poço-DC, poço-DP no fluido de 9 lb/gal e poço-DP no fluido de 9,5 lb/gal são respectivamente 100 psi, 200 psi e 200 psi. Determinar, assim, a pressão e a massa específica equivalente no fundo do poço e no topo dos comandos (profundidade de 2 300 m).

2.9) Sabendo-se que,

Profundidade do poço:	2 500 m
Massa específica da lama:	9,0 lb/gal
Comprimento da seção de comandos:	250 m
Profundidade da sapata do último revestimento:	1 500 m

Perdas de carga:

Equipamento de superfície – 100 psi

Interior dos tubos de perfuração – 500 psi

Interior dos comandos – 100 psi

Broca – 1 400 psi

Anular poço – comando – 100 psi

Anular poço e revestimento – tubos – 80 psi

a) Considerando o poço amortecido, determinar as pressões na bomba, no *choke*, no fundo do poço e na sapata em condições estáticas e durante a circulação. Calcular também as **ECDs** no fundo do poço e na sapata do último revestimento.

b) Considerando que existe um diferencial negativo de 350 psi no poço (o poço não está amortecido), determinar as pressões na bomba, no *choke*, no fundo do poço e na sapata, em condições estáticas e circulando com o **BOP** fechado, mantendo 350 psi de contrapressão no *choke*. Calcule também as **ECDs** no fundo do poço e na sapata do último revestimento. Não há gás no poço.

2.10) Sabendo-se que:

Profundidade do poço:	3000 m
Massa específica da lama:	10,0 lb/gal
Comprimento da seção de comandos:	300 m
Profundidade da sapata do último revestimento:	2000 m

Profundidade d'água: 500 m

Perdas de carga:

Equipamento de superfície – 100 psi

Interior dos tubos de perfuração – 600 psi

Interior dos comandos – 100 psi

Broca – 1600 psi

Anular poço – comando – 100 psi

Anular poço e revestimento – tubos – 100 psi

Anular *riser* – tubos – 0 psi

Linha do *choke* – 300 psi

a) Considerando que o poço está amortecido, determinar as pressões na bomba, no *choke*, no fundo do poço e na sapata, nas seguintes condições: estática, circulando pelo *riser* e circulando pelo *choke* totalmente aberto (contrapressão nula) e com o **BOP** fechado. Calcular também as **ECDs** no fundo do poço e na sapata do último revestimento.

b) Considerando que existe um diferencial negativo de 400 psi no poço (o poço não está amortecido), determinar as pressões na bomba, no *choke*, no fundo do poço e na sapata, nas seguintes condições: estática e circulando com o **BOP** fechado, mantendo-se uma contrapressão no *choke* de 400 psi. Calcular também as **ECDs** no fundo do poço e na sapata do último revestimento. Não há gás no poço.

c) O que poderia ser feito para evitar que a perda de carga por fricção na linha do *choke* não seja aplicada na sapata do último revestimento descido?

3 CAPÍTULO

CAUSAS DE *KICKS*

INTRODUÇÃO

Durante as operações normais de perfuração, a pressão no poço deve ser maior que aquelas das formações permeáveis expostas para se evitar *kicks*. As causas de *kicks* estão geralmente relacionadas com a redução do nível de fluido no interior poço e/ou com a redução da massa específica do fluido de perfuração. Qualquer ação ou acontecimento que implique a redução dos valores desses dois parâmetros que determinam a pressão hidrostática constitui-se num potencial causador de influxos. As principais causas de *kicks* são discutidas neste capítulo.

Existem, entretanto, operações no poço em que os fluidos das formações são produzidos intencionalmente. São elas: testes de formação e produção, perfuração sub-balanceada de uma determinada fase do poço e completação para pôr em produção um poço. Para essas operações, existem procedimentos operacionais e equipamentos específicos de segurança para o controle seguro e adequado do poço de petróleo.

Falta de ataque ao poço durante as manobras

Para evitar que o nível de fluido caia no poço durante as manobras de retirada de colunas, é necessário enchê-lo com um volume de fluido de perfuração equivalente ao volume de aço retirado. Esse enchimento deve ser monitorado por meio do tanque de manobra cuja instalação é obrigatória em sondas de perfuração e deve seguir o programa de ataque ao poço previamente elaborado. O Anexo I mostra uma planilha de ataque ao poço durante manobras. Se o volume de fluido de perfuração para completar o poço é menor que o calculado, pode-se estar caminhando para uma situação de *kick*. Neste caso, a manobra dever ser interrompida, a bomba centrífuga do tanque de manobra desligada e o poço observado para ver se ele está fluindo (*flow check*). Caso haja fluxo, deve-se fechar o poço imediatamente.

A perda de pressão hidrostática no fundo do poço pode ser estimada por meio do procedimento de cálculo descrito a seguir. Deve-se primeiro determinar o volume de aço retirado do poço (que numericamente é igual ao volume de fluido necessário para completar o poço) por meio da seguinte equação:

$$V_{ol} = L_{col} \cdot DES_{col} \tag{3.1}$$

onde:

V_{ol} é o volume de fluido para completar o poço, em bbl;

L_{col} é o comprimento da tubulação retirada, em metros;

DES_{col} é o deslocamento da tubulação retirada, em bbl/m.

O deslocamento da tubulação, que é o volume de aço da tubulação por unidade de comprimento, pode ser encontrado em tabelas disponíveis na literatura ou calculado por meio da seguinte equação:

$$DES_{col} = 0{,}00319 \cdot (d_{et}^2 - d_{it}^2) \tag{3.2}$$

d_{et} e d_{it} são, respectivamente, os diâmetros externo e interno da tubulação expressos em polegadas. A redução da pressão no poço é dada por:

$$\Delta P = \frac{0{,}17 \cdot \rho_m \cdot V_{ol}}{(C_r - DES_{col})} \tag{3.3}$$

onde:

ΔP é a redução de pressão, em psi;

ρ_m é a massa específica do fluido de perfuração, em lb/gal;

C_r é a capacidade do revestimento, bbl/m.

Conforme visto anteriormente, a capacidade do revestimento pode ser também encontrada em tabelas disponíveis na literatura ou calculada por meio da Equação 2.3, reproduzida a seguir como 3.4:

$$C_r = 0{,}00319 \cdot d_{ir}^2 \quad (3.4)$$

$\mathbf{d_{ir}}$ é o diâmetro interno do revestimento expresso em polegadas.

Quando a coluna de perfuração está sendo retirada com os jatos entupidos (coluna molhada), ou quando a coluna está sendo descida com uma *float valve* instalada, o deslocamento da coluna é calculado por:

$$DES_{col} = 0{,}00319 \cdot d_{et}^2 \quad (3.5)$$

Em situações em que a coluna está saindo molhada, deve-se utilizar um "baú" em boas condições para que a perda de fluido seja mínima, possibilitando assim um melhor acompanhamento do volume por meio do tanque de manobra. No início da manobra, pode-se utilizar um tampão pesado para evitar que o fluido de perfuração retorne pelo interior da coluna. A queda de nível de fluido de perfuração no interior da coluna (ΔH) em metros pode ser estimada utilizando a seguinte equação:

$$\Delta H = \frac{V_{tampão}}{C_{col}} + \left(\frac{\rho_{tampão}}{\rho_m} - 1\right) \quad (3.6)$$

$\mathbf{V_{tampão}}$ é o volume do tampão, em bbl;

$\mathbf{\rho_{tampão}}$ é a massa específica do fluido de perfuração do tampão, em lb/gal.

Exemplo de aplicação:

Determine a massa específica equivalente nas profundidades de 300 e 3 000 metros após a retirada de uma seção de comandos de 6 3/4" x 2 13/16". Outros dados: massa específica do fluido de perfuração – 10 lb/gal; capacidade do revestimento – 0,2402 bbl/m; deslocamento dos comandos – 0,1198 bbl/m; comprimento de uma seção de comandos – 28,5 metros.

Solução:

$$V_{ol} = 28{,}5 \cdot 0{,}1198 = 3{,}41 \text{ bbl}$$

$$\Delta P = \frac{0{,}17 \cdot 10 \cdot 3{,}41}{(0{,}2402 - 0{,}1198)} = 48{,}2 \text{ psi}$$

A massa específica equivalente na profundidade de 300 m é dada por:

$$\rho_e = \frac{0{,}17 \cdot 300 \cdot 10 - 48{,}2}{0{,}17 \cdot 300} = 9{,}1 \text{ lb/gal}$$

A massa específica equivalente na profundidade de 3000 m é dada por:

$$\rho_e = \frac{0{,}17 \cdot 3\,000 \cdot 10 - 48{,}2}{0{,}17 \cdot 3\,000} = 9{,}9 \text{ lb/gal}$$

Conforme pode ser constatado no exemplo acima, a redução de pressão hidrostática é mais crítica em pontos próximos à superfície.

Pistoneio

Pistoneio é a redução da pressão no poço causada pela retirada da coluna de perfuração. Este efeito pode se manifestar de duas maneiras:

1. pistoneio mecânico – é a redução do nível hidrostático causada pela remoção mecânica do fluido de perfuração para fora do poço devida à restrição no espaço anular (enceramento da broca ou dos estabilizadores, poços delgados, utilização de *packers* etc.). Esse tipo de pistoneio manifesta-se pelo retorno do fluido de perfuração na superfície e em um possível aumento do peso da coluna na sua retirada. A redução da velocidade de retirada da coluna contribui para a redução do pistoneio mecânico.
2. pistoneio hidráulico – é a redução da pressão no poço devida à indução de perdas de carga por fricção por meio do movimento descendente do fluido de perfuração que irá ocupar o espaço vazio deixado abaixo da broca na retirada da coluna de perfuração.

A magnitude do pistoneio hidráulico é função das propriedades reológicas do fluido de perfuração, da geometria do poço e da velocidade de retirada da coluna. A seguinte equação de perda de carga por fricção para o espaço anular (fluxo laminar), adotando-se o modelo binghamiano, pode ser utilizada para uma estimativa do valor do pistoneio hidráulico:

$$\Delta P = L_{col} \cdot \left(\frac{\tau_l}{60{,}96 \cdot (d_E - d_I)} + \frac{\mu_P \cdot V_{Ret.}}{5\,574 \cdot (d_E - d_I)^2} \right) \tag{3.7}$$

onde:

ΔP é a redução de pressão abaixo da broca, em psi;

L_{col} é o comprimento da coluna de perfuração, em metros;

τ_l é o limite de escoamento, em lbf/100 pe²;

d_E é o diâmetro do poço ou interno do revestimento, em pol;

d_I é o diâmetro externo do tubo de perfuração, em pol;

μ_p é a viscosidade plástica, em centipoises;

$V_{Ret.}$ é a velocidade de retirada da coluna, em metro/minuto.

Deve-se utilizar uma margem de segurança na massa específica do fluido de perfuração para minimizar os riscos de *kicks* devidos ao pistoneio. Essa margem é avaliada no início da manobra (instante mais desfavorável) e é definida pela seguinte expressão:

$$M.S.M = \frac{2 \cdot \Delta P}{0{,}17 \cdot D} \tag{3.8}$$

onde:

M.S.M. é a margem de segurança para manobra, em lb/gal;

D é a profundidade do poço, em metros.

Exemplo de aplicação:

Determine a queda de pressão no fundo do poço e margem de segurança para manobra recomendada para a seguinte situação de perfuração: comprimento da coluna – 3 000 metros; limite de escoamento – 5 lbf/100 pe^2; viscosidade plástica – 15 cp.; velocidade de manobra – 37 m/min; diâmetro do poço – 8,5"; e diâmetro do tubo de perfuração – 5". Determine também qual seria a mínima massa específica do fluido de perfuração se a máxima pressão de poros esperada nessa fase é 10 lb/gal.

Solução:

$$\Delta P = \frac{3000 \cdot 5}{60{,}96 \cdot (8{,}5 - 5)} + \frac{3000 \cdot 15 \cdot 37}{5574 \cdot (8{,}5 - 5)^2} = 94{,}7 \text{ psi}$$

$$M.S.M. = \frac{2 \cdot 94{,}7}{0{,}17 \cdot 3000} = 0{,}4 \text{ lb/gal}$$

$$\rho_m = 10 + 0{,}4 = 10{,}4 \text{ lb/gal}$$

O pistoneio hidraúlico pode ser minimizado reduzindo-se a viscosidade do fluido de perfuração a valores mínimos possíveis antes da manobra e/ou controlando-se a velocidade de retirada da coluna de perfuração. É importante notar que se o pistoneio é detectado durante a retirada da coluna, o poço deve ser observado. Se houver fluxo, o poço deverá ser fechado de imediato. Se não houver fluxo, a coluna deverá ser descida até o fundo, e um volume mínimo igual ao do espaço anular do poço deverá ser circulado (*bottoms-up*).

Em certas situações onde o efeito do pistoneio pode ser crítico, como, por exemplo, nos poços de alta pressão e alta temperatura (HPHT), é recomendado fazer uma manobra curta (10 seções) e circular um *bottoms-up* após retorno ao fundo do poço para avaliar a possibilidade de pistoneio durante a manobra. A análise da contaminação do fluido de perfuração por fluidos produzidos poderá indicar a necessidade de alteração das propriedades do fluido de perfuração, da velocidade de retirada da coluna ou mesmo de um aumento do peso específico. Alternativamente, nessas situações, a coluna poderá ser retirada com circulação, pois nesse caso o efeito de pistoneio desaparece. Utilizando-se esse procedimento, o volume ativo deve ser mantido no mínimo possível e os alarmes de aumento de vazão de retorno e de aumento de volume de fluido de perfuração nos tanques devem estar funcionando adequadamente.

A descida da coluna de perfuração ou de revestimento produz um aumento da pressão no fundo do poço, devido ao mesmo fenômeno gerador do pistoneio hidráulico. Esse aumento de pressão é conhecido como surgimento de pressão (*surge pressure*) podendo resultar na fratura da formação e possível perda de circulação.

Perda de circulação

Uma perda de circulação total resulta em um abaixamento do nível de fluido de perfuração no poço com a consequente redução da pressão hidrostática. Se houver no poço uma formação permeável cuja pressão se torne maior que pressão hidrostática na sua frente, ela pode fluir ocasionando um *kick*. Uma situação potencialmente perigosa ocorre quando a perda de circulação se encontra em uma formação profunda, pois as mais rasas poderão entrar em *kick*.

A perda de circulação poderá ser (a) natural em formações fraturadas, vulgulares, cavernosas, com pressão anormalmente baixa ou depletadas ou (b) induzida por meio da massa específica excessiva do fluido de perfuração, da pressão de circulação excessiva no espaço anular, do surgimento de pressão, devido à descida da coluna de perfuração, ou de revestimento ou de outras causas que resultem no aumento de pressão no poço.

Massa específica de fluido de perfuração insuficiente

Esta causa de *kicks* está normalmente associada à perfuração em áreas com formações com pressão anormalmente alta. Em perfurações efetuadas nessas áreas, os indicadores e as técnicas de detecção e medição de pressões anormalmente altas (Capítulo 4) devem ser empregados para se elevar adequadamente a massa específica do fluido de perfuração de forma a se evitar influxos.

É importante também lembrar que a massa específica do fluido de perfuração pode ter o seu valor reduzido pelo descarte de baritina no sistema de remoção de sólidos (centrífugas e *mud cleaners*), sedimentação da baritina no poço ou nos tanques de lama, nas diluições e no aumento de temperatura do fluido especialmente em poços HPHT. Assim, para minimizar esta causa de *kicks*, é necessário sempre comparar a massa específica do fluido de perfuração com a pressão equivalente de poros das formações.

Uma solução óbvia para se evitar o *kick* causado por peso de lama insuficiente seria elevar o valor dessa propriedade. Entretanto, se esse aumento for excessivo, poderá resultar em fratura de formações frágeis, redução da taxa de penetração e aumento das chances de prisão por pressão diferencial.

Quando se perfura em áreas em que há processos de recuperação secundária com a injeção de fluidos, deve-se ter em mente que a pressão do reservatório aumenta localmente. Essa situação deve ser analisada com os profissionais de engenharia de reservatório para se determinar o peso de fluido de perfuração a ser utilizado ou mesmo se decidir pela interrupção da injeção durante a perfuração do poço.

Corte da lama por gás

A incorporação de fluidos da formação no fluido de perfuração é conhecida com o nome de corte da lama. O corte de lama por gás é o que, de longe, causa mais problemas à segurança do poço, pois o gás se expande quando trazido à superfície, causando uma diminuição na massa específica da lama e um consequente decréscimo da pressão no poço que pode ser suficiente para gerar um *kick*. Pequenas quantidades de gás no fluido de perfuração, que retornam à superfície, são registradas pelos detectores de gás. A quantidade de gás registrada por esses instrumentos é expressa em termos de Unidades de Gás (UG) que é uma medida puramente arbitrária e não padronizada entre os vários fabricantes de detectores de gás. Quando quantidades maiores de gás estão presentes no fluido de perfuração, o corte se manifesta por uma redução da massa específica do fluido na superfície, quando medida com uma balança densimétrica não pressurizada. Embora a massa específica do fluido de perfuração, muitas vezes, esteja bastante reduzida na superfície, a pressão hidrostática no poço não decresce significativamente, pois a maior expansão do gás ocorre próxima à superfície (ver Figura 3.1). Essa redução na pressão hidrostática pode ser estimada pelo uso da seguinte equação:

$$\Delta P = 34{,}5 \cdot \left(\frac{\rho_m}{\rho_{mc}} - 1{,}0\right) \cdot \log_{10}\left(\frac{P_h}{14{,}7}\right) \tag{3.9}$$

onde:

ΔP é a redução de pressão no ponto em consideração, em psi;

ρ_m é a massa específica do fluido de perfuração, em lb/gal;

ρ_{mc} é a massa específica do fluido cortado na superfície, em lb/gal;

P_h é a pressão hidrostática no ponto em consideração, em psia.

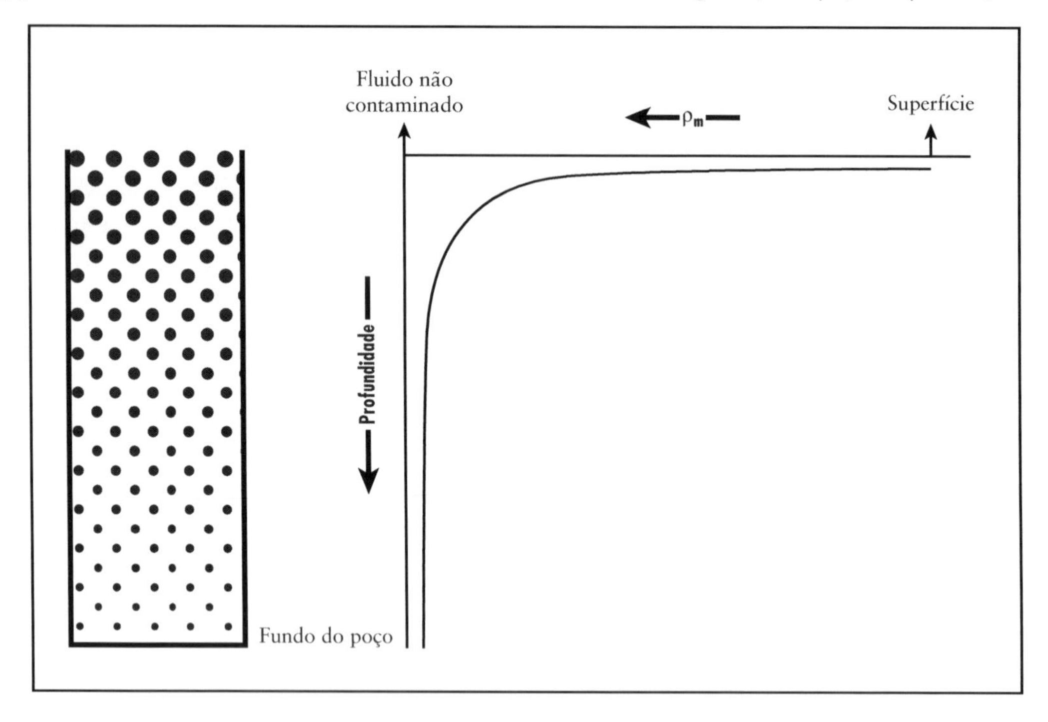

Figura 3.1 Redução da massa específica do fluido de perfuração cortado por gás como uma função da profundidade.

Exemplo de aplicação:

Determine a redução de pressão no fundo do poço, devida a um corte de gás que reduziu a massa específica da lama na superfície de 13 para 6,5 lb/gal. A profundidade do poço é de 2 500 metros.

Solução:

$$P_h = 0{,}17 \cdot 2\,500 \,.\, 13 + 15 = 5\,540 \text{ psia}$$

$$\Delta P = 34{,}5 \cdot \left(\frac{13}{6{,}5} - 1{,}0\right) \cdot \log_{10}\left(\frac{5\,540}{14{,}7}\right) = 88{,}6 \text{ psi}$$

Assim, na maioria dos casos, o corte do fluido de perfuração por gás não provoca a ocorrência que um *kick*. Entretanto, é importante que o gás já incorporado ao fluido de perfuração seja removido pelo uso de desgaseificadores e que a causa da contaminação seja identificada e eliminada.

Existem várias maneiras pelas quais o gás pode se incorporar ao fluido de perfuração. As mais comuns designam o tipo de contaminação como:

1. Gás de fundo ou *background* – é o gás na lama oriundo das formações pouco permeáveis. A leitura do detector de gás permanece constante ao longo da perfuração. Variações para mais, nessa leitura, devem ser investigadas.
2. Gás de manobra – é o gás que aparece na superfície após o tempo necessário à circulação do espaço anular (*bottoms-up*) após uma manobra. Pode indicar que houve pistoneio, e um ajuste na margem de manobra é recomendável.
3. Gás de conexão – é o gás que aparece na superfície, após a circulação de um *bottoms-up*, após a conexão de um tubo ou seção de tubos durante a perfuração. Ele é gerado pela redução da pressão no fundo do poço pelo pistoneio, por movimentação da coluna durante a conexão. Essa situação é agravada pela redução da pressão no fundo do poço quando a bomba de lama é desligada. É recomendável um aumento da massa específica do fluido de perfuração.

Gás dos cascalhos cortados – gás proveniente de formação com alta porosidade e portadora de gás, que é perfurada com uma alta taxa de penetração. O gás contido nos poros dessa formação se expande quando trazido à superfície, causando um decréscimo de pressão no poço que pode ser suficiente para gerar um *kick*. Quando essa condição existe, deve-se tomar uma ou algumas das seguintes ações: a) redução da taxa de penetração; b) aumento da vazão de bombeio; e c) parada da perfuração e circulação em intervalos de tempo regulares, sendo essa a ação mais recomendável.

Outras causas de *kicks*

Além das causas mais comuns acima descritas, existem operações e situações potencialmente causadoras de *kicks*. Três dessas situações são discutidas a seguir:

1. Fluxo de gás após a cimentação. Após o deslocamento da pasta de cimento, haverá o desenvolvimento de uma estrutura gel na pasta antes do seu endurecimento. Isso dificulta a transmissão da pressão hidrostática para o fundo do poço. Simultaneamente, haverá uma redução de volume de pasta por perda de filtrado. Esses dois fenômenos associados poderão gerar uma redução de pressão hidrostática capaz de provocar fluxo de gás através do cimento ainda não endurecido. Algumas ações preventivas para minimizar o problema seriam: (a) manter o espaço anular pressurizado; (b) usar pastas com tempo de pega diferenciado; (c) usar múltiplos estágios; (d) usar aditivos bloqueadores de gás; e (e) utilizar *external casing packers* (ECP). É importante destacar que o fluxo de gás após a cimentação é um problema de controle de poço cuja frequência de ocorrência é considerável. Preventores de superfície e suas linhas de acionamento só deverão ser desconectados

após a certeza da pega do cimento. O dimensionamento e o deslocamento de colchões de lavagem devem ser executados de forma segura para não reduzir a pressão hidrostática no interior do poço durante as operações de cimentação. Da mesma forma, a possibilidade de perda de circulação durante o deslocamento da pasta de cimento deve ser avaliada e mitigada.

2. Teste de formação. Atualmente, a operação de teste de formação a poço aberto não é realizada com frequência, e não é recomendada para perfurações em unidades de perfuração flutuantes. Essa operação possui riscos que são agravados quando existem formações portadoras de gás no trecho de poço aberto. Os riscos mais comuns são: (a) fratura da formação durante a circulação reversa; (b) existência de gás acumulado abaixo do *packer*, após a circulação reversa; (c) queda de nível no anular na abertura da válvula de circulação reversa; e (d) pistoneio causado pelo *packer* durante a retirada da coluna testadora.
3. Colisão de poços. Se um poço que está sendo perfurado cortar as colunas de revestimento e de produção de um poço produtor, poderá ocorrer um *kick* naquele poço. Existe uma norma interna de segurança operacional que determina a interrupção da produção de poços em uma plataforma durante a perfuração de um poço nessa mesma plataforma.

Exercícios

3.1) Sabendo-se que,

Profundidade do poço:	2 500 m
Revestimento:	9 5/8"; 47 lb/pé
Comandos:	6 3/4" x 2 13/16"
Tubos de perfuração:	5" OD; 19,5 lb/pé
Massa específica da lama:	10 lb/gal
Comprimento de uma seção:	28,5 m
Capacidade do revestimento:	0,2402 bbl/m
Deslocamento dos comandos:	0,1198 bbl/m
Deslocamento dos tubos:	0,0247 bbl/m
Capacidade dos tubos:	0,0581 bbl/m
Pressão de poros a 500 m:	850 psi
Pressão de poros no fundo do poço:	4 200 psi

a) Determinar a queda de pressão hidrostática no poço após a retirada de cinco seções de tubos de perfuração. Determinar a massa específica equivalente de lama para o fundo do poço e para um ponto a 500 m de profundidade após a movimentação da coluna de perfuração. Verificar se haverá *kick*s nas profundidades consideradas.

b) Repetir o problema para a retirada de uma seção de comandos.

3.2) Na ausência de um tanque de manobra, foi utilizada a bomba da sonda para completar o poço, após a retirada de certo comprimento de coluna de perfuração. Utilizando os dados do exercício anterior, determine os números de *strokes* necessários para completar o poço, após a retirada de uma seção de comandos e de cinco seções de tubos de perfuração, sabendo-se que o deslocamento volumétrico real da bomba da sonda é de 0,0996 bbl/stk.

3.3) Sabendo-se que,

Profundidade do poço:	3 000 m
Limite de escoamento:	5 lbf/100 pe^2
Viscosidade plástica:	15 cp
Velocidade de retirada da coluna:	46 m/min
Diâmetro do poço:	8.5"
Diâmetro dos tubos:	5"
Pressão de poros máxima para a fase:	10,5 lb/gal

estimar a queda de pressão causada pelo pistoneio no fundo do poço, no início da manobra, e a massa específica equivalente, considerando essa queda. Determinar também a margem de manobra e a massa específica do fluido de perfuração recomendada.

3.4) Um poço está para ser perfurado em um campo produtor de gás natural. O reservatório é um arenito inclinado que contém gás com um peso específico médio de 2,0 lb/gal e, em sua base, água salgada com 8,6 lb/gal. Estima-se que o contato gás/água esteja a 2 530 metros. Na perfuração do poço usado com correlação, foi constatada a presença de água salgada nesse arenito, cujo topo foi encontrado a 2 550 m, com pressão equivalente de formação 9,0 lb/gal. Verificar a possibilidade de ocorrer um *kick*, se a massa específica do fluido de perfuração a ser utilizado for de 9,3 lb/gal. A profundidade esperada do topo do reservatório no novo poço é de 2 410 metros.

3.5) Determine a queda de pressão e a massa específica equivalente, no fundo do poço e a uma profundidade de 500 m, para um corte de gás que reduziu a massa específica da lama na superfície de 12 para 6,5 lb/gal. A profundidade do poço é de 2 800 m.

4 CAPÍTULO

INDÍCIOS E DETECÇÃO DE *KICKS*

O tempo gasto no controle e a magnitude da pressão gerada durante uma operação de controle de poço são funções do volume de *kick* tomado. Assim, esse volume deve ser o mínimo possível, principalmente em perfurações em águas profundas em que existem altas taxas diárias de sonda e baixos gradientes de pressão de fratura. O volume de um *kick* é minimizado quando a sonda possui equipamentos de detecção precisos e a equipe está treinada para detectar prontamente o *kick* e fechar o poço o mais rapidamente possível. Fica evidenciada assim a importância da rápida detecção do *kick* para minimizar os riscos de *blowouts* com todas as suas possíveis consequências vistas anteriormente. Os equipamentos de prevenção e detecção de *kicks* são abordados neste capítulo e discutidos com mais detalhes em outra publicação referente a equipamentos do sistema de controle de poço. O treinamento e os testes práticos em controle de poços (*drills*) estão apresentados no Capítulo 15 deste livro.

Detecção do aumento da pressão de poros

Conforme discutido previamente, há sempre o risco da ocorrência de um *kick* quando se perfura em áreas onde são encontradas pressões anormalmente altas (PAA). Existem vários mecanismos que originam formações com pressões anormalmente altas. O mais comum e que serve de base para o que está exposto neste capítulo refere-se ao fenômeno da subcompactação.

Nesse mecanismo, a taxa de deposição dos sedimentos é alta evitando que a água contida nesses sedimentos (folhelhos) seja expulsa gradualmente durante o processo de compactação. Essa água irá suportar parcialmente o peso da coluna litoestática depositada acima, aumentando a pressão nos folhelhos onde ela se encontra retida. Nesse tipo de mecanismo de origem de PAA, os folhelhos pressurizados possuem um teor de água maior.

Quando a pressão anormalmente alta é causada pelo fenômeno da subcompactação, existe uma zona de transição na qual a pressão de poros aumenta gradativamente com a profundidade. Nessas zonas, certas propriedades das formações e do fluido de perfuração são alteradas indicando (em alguns casos, quantificando) o aumento da pressão de poros. A observação e análise desses indicadores durante a perfuração são necessárias, pois exigem a tomada de ações preventivas para evitar a ocorrência do *kick*, como o aumento da massa específica do fluido de perfuração. Os indicadores mais importantes que ocorrem durante a perfuração são os seguintes:

1. Tamanho, aspecto e densidade dos cascalhos – Os cascalhos provenientes de zonas de **PAA** são maiores e alongados, apresentando extremidades angulares e superfície brilhante, conforme são mostrados na Figura 4.1. A quantidade de cascalhos aumenta quando se está perfurando zonas altamente pressurizadas resultando em problemas de aumento de torque e arraste e enchimento do fundo do poço, com cascalhos após as conexões e manobras. Como já explicado, as formações com pressão anormalmente alta possuem um teor de água maior que as com pressão normal em decorrência do fenômeno da subcompactação. Assim, os cascalhos (folhelhos) provenientes das formações anormalmente pressurizadas possuem densidades menores que os das formações normalmente compactadas.

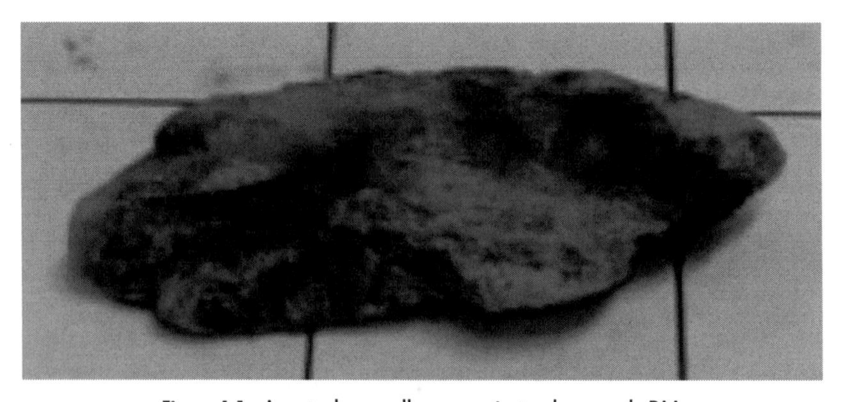

Figura 4.1 Aspecto dos cascalhos provenientes de zonas de PAA

2. Temperatura do fluido de perfuração – A temperatura do fluido de perfuração que retorna do poço normalmente aumenta bastante na zona de transição, indicando a existência de uma zona de pressão anormalmente alta.
3. Teor de gás no fluido de perfuração – Conforme discutido no capítulo anterior, um aumento nas concentrações de gás de manobra e de conexão medidas no detector de gás pode ser um indicativo de que a pressão de poros está aumentando.
4. Alterações nas propriedades do fluido de perfuração – Alterações na salinidade da lama e consequentes variações nas propriedades reológicas podem indicar contaminação do fluido de perfuração por água da formação com pressão anormalmente alta.
5. Taxa de penetração – Quando todos os fatores que afetam a taxa de penetração são mantidos constantes e um aumento consistente nesse parâmetro é observado, é provável que uma zona de transição esteja sendo perfurada. Assim, o aumento da taxa de penetração causado pela redução do diferencial de pressão sobre a formação pode ser usado como um indicador de zonas de **PAA**. Além disso, a normalização da taxa de penetração em relação à rotação da broca, ao peso sobre broca, ao diâmetro da broca e à massa específica da lama é utilizada na indústria do petróleo para se estimar a magnitude da pressão de poros das formações. O expoente d_c é um dos métodos de normalização da taxa de penetração mais empregados no campo para a detecção e estimativa de pressões anormalmente altas. Ele é definido como:

$$d_c = \frac{\log\left(\dfrac{R}{60 \cdot N}\right)}{\log\left(\dfrac{12 \cdot W}{10^6 \cdot d_b}\right)} \cdot \left(\frac{\delta_n}{\delta_m}\right) \qquad (4.1)$$

R é a taxa de penetração, em pé/hora;

N é a velocidade de rotação da broca, em RPM;

W é o peso sobre broca, em libras;

$\mathbf{d_b}$ é o diâmetro da broca, em polegadas;

δ_n é a massa específica equivalente à pressão normal da área, em lb/gal;

δ_m é a massa específica do fluido de perfuração em uso, em lb/gal.

Os valores de d_c calculados em zonas de folhelhos normalmente pressurizados são lançados em um gráfico semilogarítimico em função da profundidade para definir uma linha reta chamada de tendência de pressão normal em que os valores do expoente d_c calculados aumentam com a profundidade. Quando uma zona de transição é encontrada, os valores calculados para d_c começam a diminuir, indicando o início da pressão anormalmente alta. O desvio entre o valor calculado desse expoente em uma certa profundidade e valor lido na reta de tendência de pressão normal d_{cn} é usado na estimativa da pressão de poros naquela profundidade. Esse gráfico é mostrado na Figura 4.2. A pressão de poros na profundidade D é, então, estimada pela seguinte equação:

$$P_p = 0{,}17 \cdot \delta_n \cdot D \cdot \frac{d_{cn}}{d_c} \tag{4.2}$$

6. Informações do **LWD** "*Logging While Drilling*" relativas à resistividade e ao tempo de trânsito – Nas perfurações nas quais são utilizadas as ferramentas de **LWD**, medidas de resistividade e tempo de trânsito das formações perfuradas são obtidas em tempo real. Diminuição da resistividade e/ou aumento do tempo de trânsito podem indicar que uma zona de **PAA** está sendo perfurada. Entretanto, deve-se lembrar que uma formação da qual as propriedades estão sendo medidas se encontra afastada da broca em razão das ferramentas instaladas na coluna entre esse dois pontos, incluindo a própria ferramenta de **LWD**.

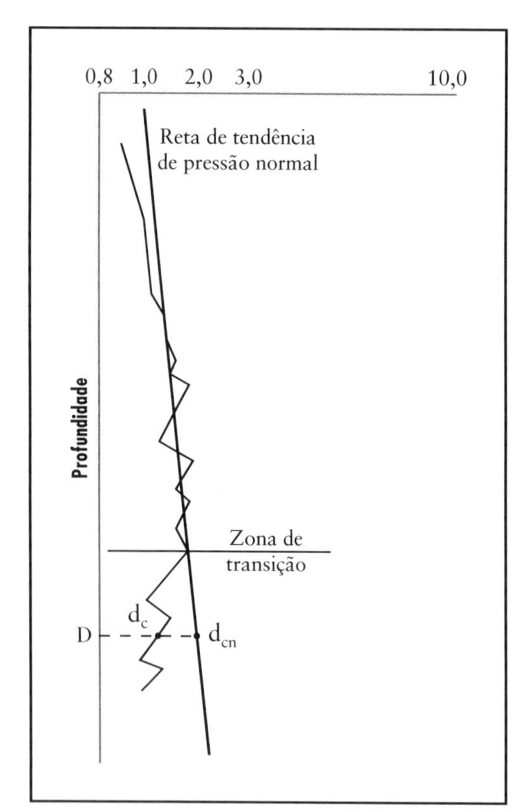

Figura 4.2 – Determinação da pressão de poros utilizando o expoente d_c.

Existem indicadores ou avaliadores de pressão anormalmente alta antes da perfuração que utilizam dados do levantamento sísmico (aumento do tempo de trânsito em zonas de **PAA**) e após a perfuração através de perfis sônicos e de resistividade (redução da resistividade em zonas de **PAA**) e testes de formação.

Indicadores primários de *kicks*

1. Aumento do volume de lama nos tanques – O aumento do nível de lama nos tanques é um dos mais positivos indicadores de *kicks*, pois adverte que o fluido da formação está entrando no poço caso não haja adição de fluido de perfuração nos tanques utilizados na circulação do fluido de perfuração. As unidades que operam em águas profundas devem possuir sensores de nível de fluido nos tanques e registrador gráfico de volume de fluido nos tanques com sensibilidade para identificar ganhos menores que 10 bbl e possuir alarme para indicar tal ganho. Os sensores de nível podem ser do tipo boia ou ultrassônicos (mais recomendados) e devem ser posicionados no centro do tanque para minimizar os efeitos dos movimentos da embarcação. Opcionalmente, um tanque poderá ter mais de um sensor ligados a um totalizador de volume do tanque (**PVT**). Diminuições no nível dos tanques podem ser atribuídas a perda de circulação, utilização de equipamentos extratores de sólidos ou descarte de lama do sistema de circulação.
2. Aumento da vazão de retorno – Se a vazão de perfuração é mantida constante, um aumento da vazão de retorno é um indicador positivo de que um *kick* está acontecendo ou que o gás, já presente no poço, está se expandindo. Um indicador da vazão de retorno deve ser instalado na saída de lama nas unidades de perfuração que operam em águas profundas. O tipo mais comum é constituído de uma pá instalada na saída de lama e ligada a uma mola. Quando o fluxo de retorno varia, a tensão na mola é modificada, indicando uma alteração no fluxo de retorno do poço. O sistema deve alarmar toda vez que essa variação exceda 10% da vazão de circulação. Um parâmetro conhecido com o nome de *delta flow* (ou diferencial de vazão) é citado na literatura com o método de detecção de *kicks* mais confiável e direto. Ele representa a diferença entre a vazão de entrada no poço e a de retorno medida na saída de lama. Existem, no mercado, vários sistemas comerciais de detecção de *kicks* baseados no *delta flow* que utilizam métodos computacionais em que certas correções são feitas como as flutuações instantâneas na vazão de retorno devidas aos movimentos verticais da embarcação (*heave*).
3. Fluxo com as bombas desligadas – Esse comportamento é um indicador primário de que um *kick* está ocorrendo. Nesse caso, o poço deve ser fechado

de imediato. Porém, em algumas situações, o fluxo pode ter a sua origem no retorno do fluido que foi injetado por algum motivo nas formações ou na diferença entre a maior pressão hidrostática existente no interior da coluna e a do espaço anular, como no caso dos tampões de manobra.

4. Poço aceitando volumes impróprios de fluido durante as manobras – Constitui-se em um indicador positivo de *kick* um comportamento no qual o poço aceita um volume de fluido menor que o volume de aço retirado ou que na descida da coluna o poço devolve mais fluido que o volume de aço introduzido no poço. Para detectar esse comportamento, a manobra deve ser acompanhada utilizando-se programas de enchimento de poço com o uso do tanque de manobra, cuja existência é obrigatória em qualquer sonda de perfuração. Caso esse comportamento seja observado, a manobra deve ser interrompida para realização de um *flow check*. Havendo fluxo, o poço deve ser fechado imediatamente. Todas as sondas de perfuração devem possuir tanque de manobra, de acordo com nornas de equipamento de segurança de poço. No Brasil as sondas de perfuração devem possuir um tanque de manobra com precisão para detectar variações de volume menores que 0,5 bbl, e que esteja equipado com sensor de nível ou régua graduada com precisão para medir variações de volume menores que 0,5 bbl. A equipe de perfuração deverá está preparada para detectar um ganho máximo de 5 bbl nas manobras.

Indicadores de que um *kick* está ocorrendo ou está para ocorrer

1. Aumento da taxa de penetração – Um aumento brusco (quebra) na taxa de penetração é um indicador secundário de influxo, pois alterações na taxa de penetração podem ter outras causas, tais como variações do peso sobre broca, da rotação ou da vazão ou mudanças das formações cortadas pela broca. No caso de *kicks*, o aumento da taxa de penetração é decorrente da existência de um diferencial de pressão negativo atuando na formação que está sendo perfurada. Em alguns casos, principalmente quando ocorre um *kick* durante a perfuração de formações moles, o aumento verificado na taxa de penetração pode ser bastante significativo. Na ocorrência do aumento da taxa de penetração, a equipe de perfuração deve estar atenta aos outros sinais de *kicks*. Muitas companhias recomendam a realização de um *flow check* após a ocorrência de um aumento brusco da taxa de penetração em situações ou áreas com risco de *kicks*.
2. Redução da pressão de circulação e aumento da velocidade da bomba – São indicadores secundários de *kicks*. A redução da pressão hidrostática no espaço anular, devida à entrada no poço de um fluido mais leve, causa

uma redução da pressão de bombeio e um consequente aumento da velocidade da bomba.

3. Alterações nas leituras do gás de fundo, conexão ou manobra – Um aumento nas medições do detector de gás pode indicar que a massa específica do fluido de perfuração está inadequada às pressões das formações no poço. Assim, a ocorrência de um influxo pode ser iminente.
4. Fluido de perfuração cortado por gás e/ou óleo – Um corte de gás e/ou óleo pode indicar que um *kick* está ocorrendo. Nesse caso, a vazão do fluido invasor para o interior do poço é pequena e ele está sendo disperso no fluido de perfuração em circulação. Um corte de gás, causado pelos cascalhos cortados pela broca, também pode indicar que a ocorrência de um influxo é iminente.
5. Fluido de perfuração cortado por água salgada – Um corte de água salgada e alterações na salinidade da lama, nos fluidos à base de água, podem indicar *kick* de água das formações.

Esses indicadores ocorrem associados e, quando um cenário de ocorrência de *kick* é reconhecido, faz-se um *flow check*. Se houver fluxo, o poço deverá ser fechado de imediato para minimizar a entrada de fluido invasor para o interior do poço. Em águas profundas, o poço deve ser fechado de imediato, sem a realização do *flow check* para verificação da ocorrência do influxo.

Detecção de *kicks* em águas profundas

Em perfurações em águas profundas, a utilização de unidades de *mud logging* é requerida para a detecção de zonas de pressões anormalmente altas. A utilização dessas unidades possibilita também um melhor acompanhamento das operações de perfuração e de manobra no que diz respeito à prevenção e detecção do *kick*, minimizando assim o seu volume no caso da sua ocorrência. Esses sensores existentes nas unidades de *mud logging* atuam como um sistema redundante dos equipamentos de detecção de *kicks* da sonda. Todos esses sistemas de detecção de *kicks* são testados periodicamente para avaliar se os alarmes funcionam quando certos limites de ganho de lama nos tanques ou aumento da vazão de retorno são atingidos.

5 CAPÍTULO

FECHAMENTO DO POÇO

TIPOS DE FECHAMENTO

O procedimento para fechamento do poço é iniciado imediatamente após o *kick* ter sido detectado. Existem dois métodos por meio dos quais o poço pode ser fechado:

1. Fechamento lento (soft) – O *choke* permanece na posição aberta durante as operações normais de perfuração. Após a deteção de um *kick*, o BOP e o *choke* são fechados. Esse método tem a vantagem de permitir um melhor acompanhamento do crescimento da pressão e de implementar rapidamente o método de baixa pressão no *choke* (*low choke pressure method*), onde a pressão no *choke* é mantida próxima e abaixo da máxima pressão permissível no *choke*.
2. Fechamento rápido (*hard*) – O *choke* permanece fechado durante as operações normais de perfuração. Após a deteção de um *kick*, o **BOP** é fechado, permanecendo o *choke* na posição fechada. O método permite o fechamento do poço em um tempo menor, reduzindo assim o volume do influxo, e sua implementação é mais simples, pois possui um passo a menos que no outro método no procedimento de fechamento do poço.

Em virtude da maior simplicidade do método rápido e do menor volume de influxo gerado, recomenda-se que esse método seja usado no fechamento de poço, tanto em terra como no mar. Estudos teóricos e experimentais publicados também mostram que logo que o poço é fechado e o *kick* se encontrar ainda no fundo do poço, o aumento de pressão devido ao golpe de aríete gerado durante o fechamento rápido não é muito significativo quando comparado ao aumento da pressão de fechamento no *choke* devido ao volume adicional de gás obtido caso o método lento tivesse sido implementado.

Uso de *flow check*

Como o tempo gasto na realização do *flow check* gera um acréscimo em certos casos significativo do volume do *kick* – situação esta inadequada em um cenário de águas profundas –, recomenda-se fechar de imediato o poço após a detecção do influxo, sem a realização de *flow checks* de confirmação. Porém, quando os aumentos da vazão de retorno e do nível de lama nos tanques são difíceis de serem detectados, então um *flow check* pode ser realizado para confirmar se o poço está fluindo. Se os movimentos da embarcação dificultam a confirmação do influxo, o seguinte procedimento poderá ser utilizado:

1. Elevar a coluna deixando uma conexão acima da mesa rotativa e parar a rotação.
2. Desligar a bomba de lama.
3. Divergir o fluxo para o tanque de manobra (que deverá estar cheio pela metade).
4. Realizar o *flow check*.

A duração do *flow check* deverá ser a necessária para se ter a confirmação ou não do influxo. Em situações nas quais esta duração é muito longa, é recomendável manter a coluna de perfuração girando como nos casos dos poços HPHT, em que o tempo de duração mínimo para o *flow check* é de 15 minutos. Esse procedimento minimiza os riscos de prisão por pressão diferencial e reduz o desenvolvimento da força gel no fluido de perfuração que pode mascarar os valores das pressões de fechamento na superfície.

Procedimentos para o fechamento do poço em sondas com ESCP de superfície

Nos procedimentos para o fechamento do poço mostrados a seguir, fica subentendido que o *choke* estará fechado quando a HCR é aberta, pois será utilizado o método rápido para fechamento do poço.

Perfurando ou circulado no fundo do poço

1. Parar a mesa rotativa.
2. Elevar a haste quadrada posicionando um *tool joint* acima da mesa rotativa. Evitar que um conector fique na frente da gaveta vazada.

3. Parar a bomba de lama.
4. Abrir a **HCR**.
5. Fechar o **BOP** anular.
6. Observar a pressão máxima permissível no manômetro do *choke*.
7. Ler as pressões estabilizadas de fechamento no tubo bengala (**SIDPP**) e no *choke* (**SICP**).
8. Aplicar o método do sondador para a circulação do *kick*.

Caso a sonda possua *top drive*, deve-se primeiro elevar a coluna posicionando um *tool joint* acima da mesa rotativa e depois parar a rotação.

Manobrando (tubos de perfuração)

1. Posicionar um *tool joint* acima da mesa rotativa e acunhar a coluna de perfuração.
2. Abrir a **HCR**.
3. Instalar a válvula de segurança da coluna.
4. Fechar a válvula de segurança da coluna.
5. Retirar as cunhas e posicionar o corpo do tubo frente ao **BOP** de gaveta.
6. Fechar o **BOP** anular.
7. Observar a pressão máxima permissível no manômetro do *choke*.
8. Ler **SICP** (pressão de fechamento no *choke*).
9. Aplicar um método de controle de *kick*. Caso seja escolhida a operação de *stripping* deve-se fechar a válvula de segurança da coluna, instalar o *inside-BOP*, abrir a válvula de segurança e proceder com o *stripping*.

Manobrando (comandos)

1. Posicionar uma conexão acima da mesa rotativa e acunhar a coluna de perfuração.
2. Abrir a **HCR**.
3. Instalar a válvula de segurança da coluna.
4. Fechar a válvula de segurança da coluna.
5. Fechar o **BOP** anular.
6. Observar a pressão máxima permissível no manômetro do *choke*.
7. Ler **SICP** (pressão de fechamento no *choke*).
8. Aplicar um método de controle de *kick*. Caso seja escolhida a operação de *stripping* deve-se fechar a válvula de segurança da coluna, instalar o *inside-BOP*, abrir a válvula de segurança e proceder com o *stripping*.

Devido ao baixo peso da coluna ao final da manobra, a coluna de comandos pode tender a sair do poço após o seu fechamento. Nesse caso, a coluna deve ser ancorada utilizando-se correntes presas na estrutura da sonda. Outra opção que deve ser avaliada é a abertura do *choke* para aliviar a pressão no interior do poço. Para executar nessas condições uma operação de *stripping*, a coluna deve ser empurrada para baixo, utilizando-se dispositivos ou arranjos de equipamentos na superfície que possibilitem essa ação. Essa operação é chamada de *snubbing*.

Coluna fora do poço

1. Abrir a HCR.
2. Fechar gaveta cega ou cisalhante.
3. Observar a pressão máxima permissível no manômetro do *choke*.
4. Ler SICP (pressão de fechamento no *choke*).
5. Aplicar um método de controle de *kick*.

Descendo a coluna de revestimento

1. Posicionar uma conexão acima da mesa rotativa.
2. Abrir a HCR.
3. Fechar a gaveta de revestimento.
4. Observar a pressão máxima permissível no manômetro do *choke*.
5. Ler SICP (pressão de fechamento no *choke*).
6. Completar a coluna de revestimento com lama.
7. Conectar a cabeça de circulação na coluna de revestimento.
8. Proceder com a circulação do *kick* para fora do poço.

Procedimentos para o fechamento do poço em unidades flutuantes

Nos procedimentos para o fechamento do poço mostrados a seguir, fica subentendido que o *choke* estará fechado quando as válvulas submarinas forem abertas, pois será utilizado o método rápido para fechamento do poço.

Perfurando ou circulado no fundo do poço

1. Suspender a coluna com o *top drive* girando e a bomba funcionando.
2. Elevar a coluna deixando uma conexão acima da mesa rotativa. Nessa posição, a extremidade da coluna deve estar afastada do fundo do poço.

3. Retirar a rotação da coluna e desligar a bomba de lama.
4. Fechar o **BOP** anular superior e abrir as válvulas submarinas das linhas do *choke* e de matar com saídas imediatamente abaixo da gaveta vazada a ser utilizada para fazer o *hang-off* .
5. Registrar o crescimento das pressões de fechamento no tubo bengala e no *choke* a cada minuto nos primeiros quinze minutos e a cada cinco minutos a partir daí. Registrar as pressões de fechamento estabilizadas **SIDPP** e **SICP** e o volume de ganho de lama.
6. Ajustar a pressão de fechamento da gaveta em que o *hang-off* será executado e a do **BOP** anular para permitir *stripping* dos *tool joints*.
7. Fechar a gaveta de *hang-off* e drenar a pressão a gaveta e o **BOP** anular.
8. Abrir o **BOP** anular e realizar o *hang-off*.
9. Efetuar os cálculos da planilha de controle e iniciar a circulação utilizando o método do sondador.

Observações:

- O procedimento básico para o *hang-off* compõe-se dos seguintes passos:
  - Baixar cuidadosamente a coluna de perfuração até o ombro do *tool joint* se apoiar na gaveta de *hang-off*.
  - Elevar a pressão de fechamento da gaveta de tubos para 1500 psi.
  - Ajustar a pressão do compensador de movimento de forma a tracionar a coluna com uma carga igual ao peso da coluna do **BOP** até a superfície mais 10 000 lbs (*overpull*).
- Após o fechamento, manter observação constante na saída de lama para verificar se há gás no *riser*. Caso seja constatada a presença de gás, fechar o *diverter* e, se possível, circular o *riser*, utilizando a linha do *choke* ou a de matar, ou pela *booster line* quando disponível.

Manobrando

1. Interromper a manobra e acunhar a coluna.
2. Instalar a válvula de segurança da coluna na posição aberta.
3. Instalar o *top drive* ou haste quadrada acima da válvula de segurança
4. Desacunhar a coluna, compensar o peso e posicionar a coluna no ponto de *hang-off*.
5. Fechar o **BOP** anular superior e abrir as válvulas submarinas das linhas do *choke* e de matar com saídas imediatamente abaixo da gaveta vazada superior.
6. Registrar o crescimento das pressões de fechamento nos manômetros do tubo bengala e do *choke* a cada minuto nos primeiros quinze minutos e a

cada cinco minutos a partir daí. Registrar a pressão de fechamento estabilizada **SICP** e o volume de ganho de lama.

7. Fechar a gaveta de *hang-off* e drenar a pressão a gaveta e o **BOP** anular.
8. Abrir o **BOP** anular e realizar o *hang-off*.
9. Registrar as pressões de fechamento estabilizadas no tubo bengala e no *choke* e o volume de fluido ganho.
10. Executar o *hang-off*.
11. Efetuar os cálculos da planilha de controle e aplicar o método volumétrico até que o gás passe da broca. Em seguida, utilizar o método do sondador.

Observações:

- Utilizar o mesmo procedimento básico para o *hang-off* acima descrito.
- Manter observação constante na saída de lama, conforme já foi discutido.
- Se o influxo é detectado quando os estabilizadores estão na frente do **BOP**, deve-se elevar a coluna até que a broca esteja acima do **BOP**, e executar o procedimento de fechamento com a coluna fora do poço.
- Caso seja decidido realizar o *stripping* da coluna, deve-se fechar a válvula de segurança da coluna, retirar o *top drive* ou a haste quadrada, instalar o *inside-BOP*, abrir a válvula de segurança e proceder com o *stripping*.

Coluna fora do poço

1. Fechar a gaveta cisalhante e abrir as válvulas submarinas das linhas do *choke* e de matar, com saídas imediatamente abaixo da gaveta cisalhante.
2. Registrar os valores da pressão de fechamento.
3. Registrar o crescimento das pressões de fechamento nos manômetros do tubo bengala e do *choke* a cada minuto, nos primeiros quinze minutos, e a cada cinco minutos a partir daí. Registrar a pressão de fechamento estabilizada **SICP** e o volume de ganho de lama.
4. Efetuar os cálculos da planilha de controle e aplicar o método volumétrico dinâmico.

Observações:

- Manter observação constante na saída de lama, conforme já foi discutido.
- Alternativamente, o *stripping* da coluna poderá ser utilizado para o controle do poço.

Poço com ferramenta a cabo

1. Fechar o **BOP** anular superior e abrir as válvulas submarinas das linhas do *choke* e de matar com saídas imediatamente abaixo da gaveta cisalhante.
2. Registrar o crescimento das pressões de fechamento nos manômetros do tubo bengala e do *choke* a cada minuto nos primeiros quinze minutos e a cada cinco minutos a partir daí. Registrar a pressão de fechamento estabilizada **SICP** e o volume de ganho de lama.
3. Efetuar os cálculos da planilha de controle e aplicar o método volumétrico dinâmico.

Observações:

- Manter observação constante na saída de lama, conforme já foi discutido aqui.
- Fechar o **BOP** anular inferior caso o fluxo continue após o fechamento do **BOP** superior. Caso o fluxo persista, elevar a pressão de acionamento dos preventores anulares. Como último recurso, fechar a gaveta cisalhante.

Revestimento frente ao BOP

1. Acunhar a coluna de revestimento ou de assentamento na mesa rotativa.
2. Fechar o BOP anular superior com pressão de fechamento compatível com a coluna de revestimento que está sendo descida.
3. Encher o revestimento com fluido de perfuração, caso a coluna de assentamento ainda não esteja sendo descida, e conectar a *running tool*, o *casing hanger*, um *pup joint* e o *top drive* ou a haste quadrada.
4. Abrir as válvulas submarinas das linhas do *choke* e de matar com saídas imediatamente abaixo da gaveta cisalhante.
5. Registrar o crescimento das pressões de fechamento nos manômetros do tubo bengala e do *choke* a cada minuto, nos primeiros quinze minutos, e a cada cinco minutos a partir daí. Registrar a pressão de fechamento estabilizada **SICP** e o volume de ganho de lama.
6. Efetuar os cálculos da planilha de controle e aplicar um método de controle de poço.

Observações:

- Manter observação constante na saída de lama, conforme foi discutido acima.
- Caso a coluna de revestimento esteja acima do **BOP**, utilizar o procedimento para fechamento com a coluna fora do poço.

- Se ocorrer o estado degradado no sistema de posicionamento dinâmico durante as operações de controle de poço, a coluna deverá ser jogada no poço antes de o alarme amarelo ser acionado.

Verificação do fechamento do poço

Após o fechamento do poço, a equipe de perfuração deverá certificar-se de que o poço está realmente fechado e não há vazamentos pelo espaço anular (através do BOP ou pela saída de lama), pela coluna de perfuração (*manifold* de injeção e válvulas de alívio das bombas), pela cabeça do poço (fluxo externo ao revestimento) ou pelo *choke manifold* (*choke* ou através das linhas de descarga).

6 CAPÍTULO

COMPORTAMENTO DO FLUIDO INVASOR

Um kick pode ser constituído de água salgada, óleo, gás ou uma combinação deles. Se o influxo é de gás, esse pode ser natural, sulfídrico (**H_2S**) ou carbônico (**CO_2**). Os dois últimos são tóxicos e requerem equipamentos de segurança de poço e procedimentos preventivos e de controle específicos. O gás natural é constituído, na sua maioria, de metano, e sua densidade é menor que a do ar. Assim, deve-se ter em mente que, quando um vazamento de gás natural acontecer em espaço confinado e com pouca ventilação (principalmente em unidades flutuantes), ele irá acumular-se na parte superior desse espaço.

Quando existe gás livre no poço, o seu controle se torna mais difícil em virtude das propriedades de expansão do gás e da grande diferença entre as massas específicas do gás e do fluido de perfuração. Os efeitos da expansão podem ser avaliados pela lei dos gases reais representada pela Equação 6.1.

$$\frac{P_1 \cdot V_1}{Z_1 \cdot T_1} = \frac{P_2 \cdot V_2}{Z_2 \cdot T_2} \qquad (6.1)$$

onde **P, V, Z** e **T** são, respectivamente, a pressão absoluta, o volume, o fator de compressibilidade e a temperatura absoluta do gás nas condições 1 e 2. Considerando um gás ideal (**Z** = 1) e um processo isotérmico (**$T_1 = T_2$**), a equação se torna:

$$P_1 \cdot V_1 = P_2 \cdot V_2 \quad (6.2)$$

Exemplo de aplicação:

Utilizando a lei dos gases ideais para um processo isotérmico e pressupondo que a lama e o poço são incompressíveis, determinar os valores de pressão agindo no fundo do poço, na sapata do último revestimento descido e na superfície, após um *kick* de gás, com volume inicial de 1 bbl, ter migrado 1000 m em um poço mantido fechado. A profundidade do poço é de 2 500 m, a sapata do último revestimento assentado está a 2 000 m, a massa específica do fluido de perfuração no poço é de 9,5 lb/gal e a pressão de fechamento no *choke* é de 400 psi. Desprezar a altura do gás.

Solução:

Pressões no instante do fechamento:

$P_{fundo} = 0{,}17 \cdot 2\,500 \cdot 9{,}5 + 400 = 4\,437{,}5$ psi

$P_{sap} = 4\,437{,}5 - 0{,}17 \,.\, 9{,}5 \cdot 500 = 3\,630$ psi

Pressões após o gás ter migrado 1000 metros:

Como não há variação de volume durante a migração do gás, pois o poço está fechado, a pressão do gás a 1 500 metros de profundidade são os mesmos 4 437,5 psi.

Assim,

$P_{fundo} = 4\,437{,}5 + 0{,}17 \cdot 1\,000 \cdot 9{,}5 = 6\,052{,}5$ psi

$$\rho_{e\text{-}fundo} = \frac{6\,052{,}5}{0{,}17 \cdot 2\,500} = 14{,}2 \text{ lb/gal}$$

$P_{sap} = 4\,437{,}5 + 0{,}17 \cdot 500 \cdot 9{,}5 = 5\,245$ psi

$$\rho_{e\text{-}sap} = \frac{5\,245}{0{,}17 \cdot 2\,000} = 15{,}4 \text{ lb/gal}$$

$P_{sup} = 4\,437{,}5 - 0{,}17 \cdot 1\,500 \cdot 9{,}5 = 2\,015$ psi

Do exemplo mostrado aqui, depreende-se que, ocorrendo um *kick* de gás, o poço não pode ser deixado fechado indefinidamente, pois as pressões no seu interior aumentarão até valores insuportáveis durante a migração do gás para a superfície. Nesse mesmo exemplo, nota-se que a pressão em todos os pontos do poço aumentou de 1 615 psi o que corresponde à pressão hidrostática calculada com a distância de migração do gás (1 000 m) e com a massa específica da lama existente no poço (9,5 lb/gal), ou seja:

$$P_h = 0{,}17 \cdot 1000 \cdot 9{,}5 = 1\,615 \text{ psi.}$$

Exemplo de aplicação:

Utilizando novamente a lei dos gases ideais para um processo isotérmico, determinar o volume de gás quando o *kick* do exemplo anterior chegar à superfície no caso de o poço ser deixado aberto.

Solução:

A pressão no fundo do poço (P_1) é dada por:

$$P_1 = 4\,437{,}5 + 14{,}7 = 4\,452{,}2 \text{ psia}$$

$$V_1 = 1 \text{ bbl}; P_2 = 0 + 14{,}7 = 14{,}7 \text{ psia}$$

$$4\,452{,}2 \cdot 1 = 14{,}7 \cdot V_2$$

$$V_2 = 303 \text{ bbl}$$

Por outro lado, conforme mostrado no exemplo apresentado aqui, se após a ocorrência do *kick* de gás o poço é mantido aberto, durante a migração a pressão hidrostática sobre o gás será aliviada. Haverá então um consequente aumento de volume do gás. Esse aumento de volume resulta na expulsão do fluido de perfuração para fora do poço na superfície, reduzindo assim o estado de pressão no interior do poço. Com a continuação da migração, essa diminuição torna-se cada vez mais intensa até o instante em que uma situação de *blowout* ocorre. Do exposto, conclui-se que o poço não pode permanecer fechado ou totalmente aberto após a ocorrência de um *kick* de gás. A solução para o problema é permitir uma expansão controlada do gás enquanto ele migra ou é circulado para fora do poço. Em termos práticos, essa expansão controlada é feita por meio de ajustes do *choke* de forma a manter a pressão no fundo do poço constante durante o processo de remoção ou migração do gás.

A grande diferença das densidades do gás e do fluido de perfuração resulta em dificuldades operacionais principalmente em unidades flutuantes. Durante a circulação do *kick*, ajustes rápidos na abertura do *choke* são necessários quando o gás entra na linha do *choke* e posteriormente quando ele a deixa. A partir do instante em que o gás começa a fluir pelo interior da linha do *choke*, a rápida perda das pressões hidrostática e dinâmica (perdas de carga por fricção) existentes nessa linha demandará do operador do *choke* uma ação rápida no sentido de promover o seu fechamento para evitar uma redução da pressão no fundo do poço capaz de provocar um influxo adicional. Mais tarde, quando o fluido de perfuração volta a encher essa linha, próximo ao final da produção de gás, o operador deverá estar pronto para abri-lo rapidamente para não causar um aumento exagerado nas pressões no interior do poço a ponto de fraturar a formação mais fraca exposta.

Exemplo de aplicação:

No instante em que o topo de um *kick* de gás atingiu o **BOP** submarino, a pressão no *choke* indicava 1 200 psi. Oito minutos depois, o topo do gás atingiu a superfície. Calcular a pressão no *choke* para esse último evento e a sua taxa média de crescimento durante esses dois instantes. A profundidade d'água é de 1 000 m, a massa específica do fluido de perfuração é de 10 lb/gal, o gradiente de perda de carga por fricção no interior da linha do *choke* é de 0,3 psi/m para o fluido de perfuração e desprezível para o gás. O gradiente de pressão hidrostática do gás é de 0,1 psi/m.

Solução:

Perda de pressão hidrostática e dinâmica na linha do *choke*:

$$\Delta P_{cl} = (0{,}17 \cdot 10 - 0{,}1) \cdot 1\,000 + 0{,}3 \cdot 1\,000 = 1\,900 \text{ psi}$$

$$P_{choke} = 1\,200 + \Delta P_{cl} = 1\,200 + 1\,900 = 3\,100 \text{ psi}$$

$$\text{Taxa de aumento de pressão} = \frac{1\,900}{8} = 237{,}5 \text{ psi/min}$$

Outro problema relacionado com a diferença de densidade entre o gás e o fluido de perfuração é o fenômeno de migração. Conforme visto aqui, quando um *kick* de gás ocorre em um poço de petróleo, ele migrará em razão da segregação gravitacional. A velocidade de migração depende de vários fatores, entre os quais, se destacam o tamanho e a distribuição das bolhas de gás no fluido de perfuração, propriedades reológicas e gelificantes da lama e ângulo de inclinação do poço. Assim, a sua estimativa é um assunto bastante polêmico na indústria do petróleo e assumir o valor de 300 m/hr normalmente aceito para a velocidade de migração do gás pode conduzir a grandes erros. Em linhas gerais, pode-se esperar velocidades de migração menores para *kicks* ocorridos durante a circulação onde o gás está disperso e as bolhas são pequenas ou em sistemas de fluidos de perfuração viscosos. Por outro lado, velocidades maiores de migração são esperadas em *kicks* tomados quando não existe circulação no poço, na manobra por exemplo, ou quando a reologia do fluido de perfuração é baixa. A velocidade de migração do gás pode ser estimada em um poço fechado, medindo-se a taxa de crescimento de pressão no manômetro do *choke*. O exemplo a seguir mostra com é feita essa estimativa.

Exemplo de aplicação:

Um poço contendo um fluido de perfuração com massa específica de 9 lb/gal foi fechado após um *kick* de gás ter sido detectado. A pressão de fechamento no *choke* aumentou de 400 psi para 550 psi em 120 minutos. Estime a velocidade de migração do gás em m/hr.

Solução:

Em duas horas o gás migrou de:

$$550 - 400 = 0,17 \cdot 9 \cdot \Delta H \text{ ou } \Delta H = 98 \text{ m}$$

$$\text{Assim, } v_{gás} = \frac{98}{2} = 49 \text{ m/hr}$$

Se o influxo é líquido nas condições existentes no interior do poço, o seu controle será mais fácil pois os problemas devidos à expansão e à segregação gravitacional são mínimos.

É importante notar que o gás pode entrar no poço tanto no estado líquido como no gasoso a depender das condições de temperatura e pressão encontradas no poço. Se ele entrar na forma líquida (como condensado ou em solução no óleo), obviamente ele não migrará permanecendo assim na forma líquida. Porém, se durante a circulação do *kick* para a superfície a pressão nele atuante cair abaixo da pressão correspondente ao ponto de bolha do hidrocarboneto antes de ele atingir o *choke*, haverá liberação de gás dentro do poço. O mesmo acontece quando a base do fluido de perfuração é não aquosa. Essa situação será discutida posteriormente. **Assim, é importante frisar que qualquer influxo deve ser considerado como gás até que se mostre o contrário.**

EXERCÍCIOS

6.1) Determinar os volumes de gás e as pressões agindo no fundo do poço, na sapata do revestimento e na superfície para os instantes em que um *kick* de gás estiver no fundo do poço, à frente da sapata do revestimento e na superfície para as duas situações: a) poço fechado e b) poço totalmente aberto. Desprezar a altura e a massa específica do gás e utilizar os seguintes dados:

Massa específica da lama:	10 lb/gal
Profundidade do poço:	3 000 m
Profundidade da sapata:	2 000 m
Volume inicial do *kick*:	1 Bbl
Pressão da formação no fundo do poço:	5 400 psi

6.2) Um poço é mantido fechado após um *kick* de gás ter sido detectado. Estimar a distância ao fundo do poço da base do gás no instante em que a fratura de uma formação frente à sapata do revestimento da fase anterior do poço se inicia em virtude da migração do gás no poço fechado. Utilizar os seguintes dados:

Massa específica do fluido de perfuração:	11 lb/gal
Massa específica equivalente de fratura na sapata:	15,5 lb/gal
SICP:	900 psi
Profundidade da sapata:	2 000 m

7

CAPÍTULO

INFORMAÇÕES E CÁLCULOS NECESSÁRIOS AO CONTROLE DO POÇO

Conforme mencionado, após a detecção do *kick* o BOP deve ser fechado, o fluido invasor circulado para fora do poço, e este amortecido. As operações de circulação do *kick* e amortecimento do poço são conduzidas de acordo com informações obtidas antes e após a ocorrência do *kick* e cálculos pertinentes. As informações e os cálculos são registrados em planilhas apropriadas, chamadas de Planilhas de Controle de *kick*s, que estão mostradas no Anexo II para sondas com BOP de superfície e no Anexo III para sondas com BOP submarino.

INFORMAÇÕES PRÉVIAS

As informações prévias devem estar sempre atualizadas e registradas na planilha de controle, independente ou não da ocorrência de um *kick*. Elas são mostradas a seguir:

1. Máxima pressão permissível no *choke* no instante do fechamento do poço (estática). Corresponde ao menor dos três valores de pressão mostrados a seguir:

- Pressão de teste do **BOP** ($P_{max,st,BOP}$). Em sondas flutuantes, desse valor é subtraída a diferença entre as pressões hidrostáticas do fluido de perfuração e da água do mar na linha do *choke*. Isso decorre do fato de que o teste é feito com água do mar que, posteriormente, é substituída pelo fluido de perfuração. Se o teste é realizado com o fluido de perfuração, essa parcela é nula. Tem-se assim:

$$P_{max,st,BOP} = P_{TESTE} \tag{7.1}$$

para **BOP** terrestre e,

$$P_{máx,st,BOP} = P_{TESTE} - 0{,}17 \cdot D_w \cdot (\rho_m - 8{,}5) \tag{7.2}$$

para **BOP** submarino onde D_w é a profundidade da lâmina d'água em metros.

- Um valor de 80% da resistência à pressão interna do revestimento ($P_{max,st,csg}$). Também em sondas flutuantes, desse valor é subtraída a diferença entre as pressões hidrostáticas do fluido de perfuração e da água do mar, pois é considerado que pressão hidrostática da água do mar atua externamente ao revestimento.
Assim,

$$P_{max,st,csg} = 0{,}8 \cdot R_{pi} \tag{7.3}$$

para **BOP** terrestre e,

$$P_{max,st,BOP} = 0{,}8 \cdot R_{pi} - 0{,}17 \cdot D_w \cdot (\rho_m - 8{,}5) \tag{7.4}$$

para BOP submarino, onde Rpi é a resistência à pressão interna tabelada do tubo de revestimento assentado na cabeça do poço.

- Pressão de fratura da formação frente à sapata do último revestimento descido, subtraída da pressão hidrostática do fluido de perfuração no poço desde a sapata do revestimento até a superfície ($P_{max,st,f}$).

$$P_{max,st,f} = 0{,}17 \cdot D_{csg} \cdot (\rho_f - \rho_m) \tag{7.5}$$

onde D_{csg} é a profundidade de assentamento da sapata do último revestimento descido no poço em metros, e ρ_f é a massa específica equivalente de fratura na sapata em lb/gal.

O menor valor calculado entre $\mathbf{P_{max,st,BOP}}$ e $\mathbf{P_{max,st,csg}}$ é designado $\mathbf{P_{max,st,eq}}$, onde a subscrita "**eq**" significa equipamento. Normalmente, $\mathbf{P_{max,st,f}}$ é o menor valor calculado para as três pressões.

2. Capacidades ($\mathbf{C_i}$), comprimentos ($\mathbf{L_i}$) e volumes ($\mathbf{V_i}$) das várias seções de tubulações, espaços anulares, linhas do *choke* e de matar e do *riser*. As capacidades em bbl/m são obtidas em tabelas apropriadas ou por meio das equações apresentadas anteriormente. O volume de cada seção em barris é obtido multiplicando-se o seu comprimento, em metros, por sua capacidade.
3. Dados das bombas de lama: deslocamento (δ) e eficiência volumétrica (δ). O deslocamento teórico de uma bomba de lama é obtido em tabela fornecida pelo fabricante. Ele é expresso em termos de *strokes* ou ciclos por minuto (spm). A eficiência volumétrica de uma bomba de lama deve ser determinada pelas equipes das sondas. O deslocamento real (δ_{mp}) é obtido multiplicando-se o deslocamento teórico da bomba por sua eficiência volumétrica.
4. Pressão reduzida de circulação (**PRC**). Em sondas com **BOP** de superfície ela é medida com a velocidade da bomba a 30 ou 40 spm. Em águas profundas, as pressões reduzidas de circulação são determinadas nas vazões reduzidas de circulação de 50, 100 e 150 gpm por meio do *riser* ($\mathbf{PRC_r}$). Nas planilhas, essas vazões (**Q**) em gpm são transformadas para velocidades reduzidas de circulação (**VRC**), em spm, por meio da equação:

$$VCR = \frac{Q}{42 \cdot \delta_{mp}} \tag{7.6}$$

Uma vazão reduzida de circulação é utilizada por:

- causar menor erosão dos equipamentos
- gerar menores pressões de bombeio
- possibilitar maior tempo para a manipulação do *choke*
- permitir maior tempo para a separação do gás da lama no separador atmosférico

A pressão reduzida de circulação deve ser determinada no início de cada turno de trabalho ou se ocorrer dentro do turno mudança da composição da coluna ou da lama ou perfuração de mais de 200 m. Em unidades flutuantes, as perdas de carga por fricção no interior da linha do *choke* ($\Delta\mathbf{P_{cl}}$) e na linha de matar (são consideradas como iguais) devem ser determinadas nas circulações para se evitar seu entupimento. Devem ser também medidas nas vazões de 100 e 150 gpm. A perda de carga no espaço anular no interior do revestimento ($\Delta P_{an,csg}$) neste livro é considerada como sendo 10% da pressão reduzida de circulação.

Caso a pressão reduzida de circulação não tenha sido registrada, deve-se utilizar o seguinte procedimento operacional:

Sonda com **BOP** de superfície

1) levar a velocidade da bomba até a velocidade reduzida de circulação mantendo a pressão no *choke* em **SICP**

2) observar no tubo bengala a pressão subir de **SIDPP** para **PIC**

3) estimar **PRC** pela relação: **PRC = PIC – SIDPP**

Sonda com **BOP** submarino

1) levar a velocidade da bomba até a velocidade reduzida de circulação mantendo a pressão no manômetro da linha de matar em **SICP**

2) observar no tubo bengala a pressão subir de **SIDPP** para **PIC** e a pressão no *choke* cair para **SICP** – ΔP_{cl}

3) estimar PRC_r pela relação: PRC_r = PIC – SIDPP

A relação $P_{bombeio} = K \cdot Q^2$, onde **K** é uma constante, pode ser também utilizada para cálculo da **PRC**, porém esse procedimento pode conduzir a erros consideráveis.

5. Volume total de fluido de perfuração no sistema e números de ciclos ou *strokes* de bombeio da superfície até a broca (interior da coluna de perfuração – $Stk_{sup\text{-}br}$), da broca até a sapata do último revestimento (espaço anular do poço aberto – $Stk_{br\text{-}sap}$) e da broca até a superfície (espaço anular e linha do *choke* – $Stk_{br\text{-}sup}$). Eles são calculados dividindo-se os volumes correspondentes pelo deslocamento real da bomba. Os tempos necessários à circulação desses trechos são calculados dividindo-se os volumes correspondentes pela vazão reduzida de circulação.

Informações sobre o *kick*

1. Pressões estabilizadas de fechamento no tubo bengala (**SIDPP**) e no *choke* (**SICP**).

Após o fechamento do poço, as pressões lidas nos manômetros do tubo bengala e do *choke* subirão e atingirão os seus valores estabilizados conhecidos respectivamente como **SIDPP** (pressão de fechamento no tubo bengala) e **SICP** (pressão de fechamento no *choke*), conforme está mostrado na Figura 7.1. Se não existir fluido invasor no interior da coluna, o valor estabilizado de **SIDPP** representa a diferença entre a pressão da formação geradora do influxo e a pressão hidrostática do fluido no interior da coluna de perfuração. Esse valor independe do volume de influxo no espaço anular. Por outro lado, o valor de **SICP** é dependente do volume do influxo. Quanto maior for o volume do influxo, maior será o valor de **SICP**.

A Figura 7.1 mostra que as curvas das pressões de fechamento apresentam trechos de crescimento rápido logo após o fechamento e com as taxas de crescimento reduzindo com o passar do tempo até atingirem valores estabilizados. Nesse instante, cessa-se o fluxo da formação para o poço, pois a pressão de fundo iguala-se à pressão da formação geradora do *kick*. A duração desse período é função de algumas variáveis como tipo de fluido, permeabilidade e porosidade da formação e diferença entre as pressões da formação e hidrostática do fluido do poço. Dessa forma, não existe um valor arbitrário para a duração desse período.

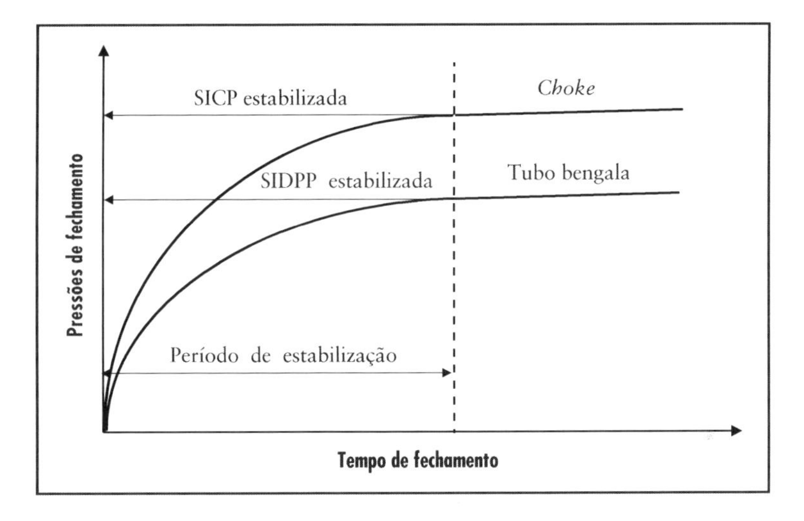

Figura 7.1 Comportamento das pressões de fechamento.

O procedimento recomendado é traçar um gráfico semelhante ao da Figura 7.1 e determinar visualmente a duração desse período. Conforme visto anteriormente, devem-se ser registrados os valores das pressões nos manômetros do *choke* e do tubo bengala a cada minuto, durante os primeiros 15 minutos, e a cada cinco daí em diante. Em formações fechadas esse período pode durar mais de uma hora. Após o período de estabilização, as pressões de fechamento tenderão a subir em virtude da migração do gás. Caso não seja possível circular o *kick* logo após este período, essas pressões deverão ser monitoradas e, no caso de elas excederem um determinado valor, por exemplo, 50 psi acima do valor estabilizado, o poço deverá ser drenado à pressão constante no *choke* até que o valor da pressão no tubo bengala volte a ser **SIDPP**.

O valor de **SIDPP** é normalmente menor que o de **SICP**, pois na maioria dos influxos só existe fluido invasor no espaço anular. Entretanto, existem situações nas quais o contrário é observado. As possíveis causas para esse comportamento anômalo são: a) excesso de cascalhos no espaço anular; b) manômetros defeituosos; c) massa específica do fluido invasor maior que a do fluido de perfuração; d) gás no interior da coluna; e e) bloqueio do espaço anular.

Se existir uma *float valve* na coluna de perfuração, deve-se utilizar o seguinte procedimento para se determinar o valor de **SIDPP**:

I) Alinhar a bomba da unidade de cimentação e utilizá-la em uma vazão baixa (¼ a ½ bpm) para injetar fluido de perfuração no interior da coluna.

II) Observar o crescimento de pressão no manômetro do tubo bengala que deverá ser linearmente proporcional ao volume total injetado. Ver Figura 7.2.

III) Parar a bomba e registrar o valor da pressão no manômetro do tubo bengala quando a taxa de crescimento dessa pressão reduzir bruscamente e a pressão no *choke* começar a subir. O valor registrado é o **SIDPP**.

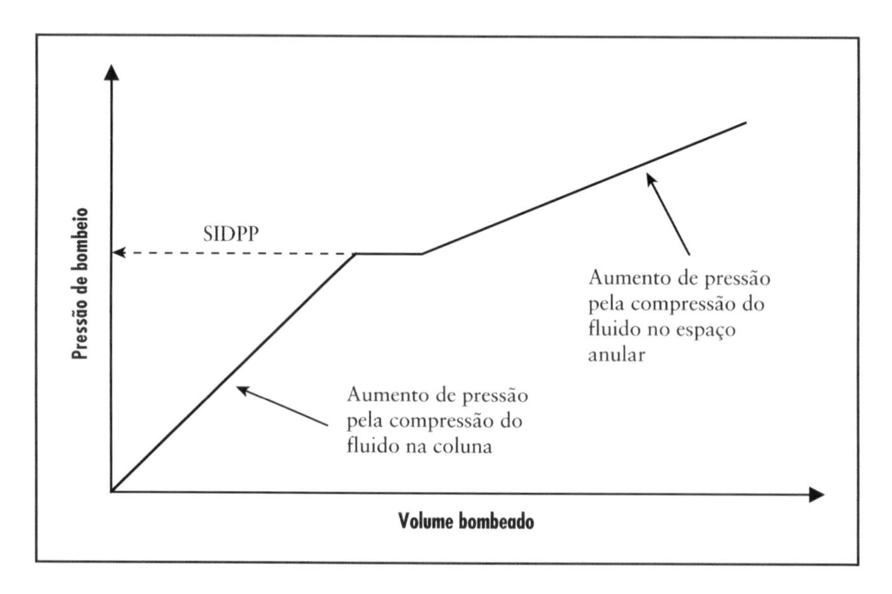

Figura 7.2 Procedimento para determinação da SIDPP quando uma *float valve* está instalada na coluna.

Pressões aprisionadas (trapeadas) poderão ocorrer se o poço for fechado antes da bomba estar totalmente parada. Assim, os valores de **SIDPP** e **SICP** registrados serão incorretos, dificultando as operações de controle de poço. Essas pressões também ocorrem em razão das movimentações da coluna com o poço fechado e da migração do gás no poço. Quando elas ocorrem, o seguinte procedimento para alívio de pressão deve ser utilizado:

I) Drenar por meio do *choke* um volume pequeno de fluido de perfuração (¼ a ½ bbl).

II) Fechar o *choke* e observar a queda da pressão registrada no manômetro do tubo bengala.

III) Continuar esse procedimento alternando períodos de drenagem e observação de pressão no tubo bengala até que esta pare de decrescer.

IV) Parar o processo e registrar as pressões no *choke* e no tubo bengala como sendo respectivamente **SICP** e **SIDPP**.

2. Volume de fluido de perfuração ganho nos tanques.

Após o fechamento do poço, o aumento de volume nos tanques de fluido de perfuração deve ser registrado, pois ele dará idéia do volume do *kick*. Deve-se lembrar que quando a bomba da sonda é desligada, haverá retorno de fluido de perfuração para os tanques. Esse volume de retorno deve ser descontado para não se registrar um valor de ganho errôneo.

3. Profundidades medida e vertical de perfuração no instante da ocorrência do *kick*.

Em poços direcionais essas profundidades são diferentes. A profundidade medida é utilizada para o cálculo dos volumes a serem deslocados enquanto a profundidade vertical é usada para cálculo de pressões estáticas.

4. Instante no qual o influxo ocorreu e o poço foi fechado.

Cálculos e considerações

Com as informações prévias e sobre o *kick*, os seguintes cálculos e considerações são elaborados:

1. O volume do *kick* é considerado igual ao volume de fluido de perfuração ganho nos tanques.
2. A massa específica do *kick* pode ser estimada pela seguinte equação:

$$\rho_k = \rho_m + \frac{(SICP - SIDPP)}{0{,}17 \cdot H_k} \tag{7.7}$$

onde:

ρ_k é a massa específica do *kick*, em lb/gal;

ρ_m é a massa específica do fluido de perfuração, em lb/gal;

H_k é a altura do *kick*, em metros.

Se ρ_k for menor que 4 lb/gal o *kick* provavelmente é de gás. Se ele estiver entre 4 e 8 lb/gal, provavelmente é uma combinação de gás e óleo. Acima de 8 lb/gal, o *kick* é de óleo e/ou água salgada.

3. Massa específica do fluido de perfuração para matar o poço. É dada pela seguinte fórmula:

$$\rho_{nm} = \rho_m + \frac{SIDPP}{0{,}17 \cdot D} \tag{7.8}$$

onde:

ρ_{nm} é o peso específico do fluido de matar, em lb/gal;
D é a profundidade do vertical poço, em metros.

4. Quantidade de baritina para elevar o peso da lama:

$$W_B = 1\,500 \cdot V_{LS} \cdot \frac{\rho_{nm} - \rho_m}{35{,}8 - \rho_{nm}} \tag{7.9}$$

onde:

$\mathbf{W_B}$ é o peso de baritina a ser acrescentado, em lb;
V_{LS} é o volume de lama no sistema, em bbl.

Esse peso de baritina pode ser expresso em termos de sacos de 20 kg usando-se a relação: $\frac{W_B}{44{,}1}$; ou em termos de pés cúbicos: $\frac{W_B}{135}$. O aumento de volume de lama em barris, devido à adição de baritina, é calculado pela relação: $\frac{W_B}{1\,500}$.

5. Máximas pressões dinâmicas lidas superfície (no manômetro da linha de matar em unidades flutuantes) quando circulando o *kick* como o mesmo fluido existente no poço (primeira circulação do método do sondador). O conhecimento dessas pressões é de importância na circulação de um *kick* para se evitar fratura na sapata ou falha do equipamento de cabeça de poço. As máximas pressões dinâmicas, do ponto de vista da sapata e do equipamento, são dadas respectivamente por:

$$\mathbf{P_{max,\,din,\,f} = P_{max,\,st,\,f} - \Delta P_{an,csg}} \tag{7.10}$$

$$P_{max,\,din,\,eq} = P_{max,\,st,\,eq} \tag{7.11}$$

A monitoração dessas pressões se faz da seguinte maneira:

- Máxima pressão dinâmica no manômetro do *choke* antes de o gás passar pela sapata. Em sondas com ESCP de superfície, esse valor é dado por $\mathbf{P_{max,din,f}}$. Em sondas flutuantes, as máximas pressões dinâmicas permissíveis nos manômetros das linhas do *choke* e de matar são dadas pelas seguintes expressões:

$$\mathbf{Pmax_{choke} = P_{max,\,din,\,f} - \Delta P_{cl}} \text{ (manômetro da linha do choke)} \tag{7.12}$$

$$\mathbf{Pmax}_{matar} = \mathbf{P}_{max,\, din,\, f} \qquad \text{(manômetro da linha de matar)} \qquad (7.13)$$

- Máxima pressão dinâmica no manômetro do *choke* após o gás passar pela sapata. Se, durante a circulação, a PIC é mantida constante, a máxima pressão dinâmica permissível no manômetro do *choke* de uma sonda com **ESCP** de superfície é dada por $\mathbf{P}_{max,din,eq}$. Em sondas com **BOP** submarino, as máximas pressões dinâmicas permissíveis nos manômetros das linhas do *choke* e de matar após o gás passar pela sapata, são dadas pelas seguintes expressões:

$$\mathbf{Pmax}_{choke} = \mathbf{P}_{max,din,eq} - \Delta \mathbf{P}_{cl} \qquad \text{(manômetro da linha do choke)} \qquad (7.14)$$

$$\mathbf{Pmax}_{matar} = \mathbf{P}_{max,din,eq} \qquad \text{(manômetro da linha de matar)} \qquad (7.15)$$

6. Pressão inicial de circulação (**PIC**) – É a pressão que deve ser mantida no tubo bengala durante a circulação do *kick* enquanto estiver apenas lama original no interior da coluna de perfuração. É dada pela expressão:

$$\mathbf{PIC} = \mathbf{PRC} + \mathbf{SIDPP} \qquad (7.16)$$

7. Pressão final de circulação (**PFC**) – É a pressão a ser mantida no tubo bengala durante a circulação do *kick* após a lama nova ter chegado na broca. É dada pela equação:

$$\mathbf{PFC} = \mathbf{PRC} \cdot \frac{\rho_{nm}}{\rho_m} \qquad (7.17)$$

Em sondas flutuantes, duas pressões finais de circulação são consideradas. A $\mathbf{PFC}_1$ que é equivalente à definição acima mostrada e cuja equação é apresentada abaixo:

$$\mathbf{PFC}_1 = \mathbf{PRC} \cdot \frac{\rho_{nm}}{\rho_m} \qquad (7.18)$$

e $\mathbf{PFC}_2$ que é a pressão a ser mantida no tubo bengala após a lama nova atingir a superfície. É dada pela equação:

$$\mathbf{PFC}_2 = \mathbf{PFC}_1 + \left(\Delta \mathbf{P}_{cl} \cdot \frac{\rho_{nm}}{\rho_m} \right) \qquad (7.19)$$

8. Máxima pressão permissível no tubo bengala ou a máxima pressão de bombeio após o gás passar pela sapata. É dada pela seguinte expressão:

$$\mathbf{Pmax}_{beng} = \mathbf{P}_{max,st,f} + \mathbf{PRC} - \Delta \mathbf{P}_{an,csg} \qquad (7.20)$$

Durante a circulação de um *kick*, a pressão de bombeio deve ser mantida acima e próxima à **PIC**. Entretanto, se essa pressão não puder ser mantida nesse nível em virtude de problemas operacionais ou mesmo em virtude de falhas na manipulação do *choke*, ela poderá subir e fraturar a sapata se o seu valor ultrapassar $\mathbf{Pmax_{beng}}$, mesmo após o gás ter passado da sapata. A Figura 7.3 mostra o gráfico da pressão de bombeio como uma função do número de ciclos ou *strokes*. É importante notar que o operador do *choke* deve manter a pressão de bombeio pouco acima da **PIC** para evitar *kicks* adicionais no poço. Por outro lado, ela não deve ultrapassar a reta $\mathbf{Pmax_{beng}}$ para não causar a fratura da sapata, mesmo após o gás já ter passado pela sapata.

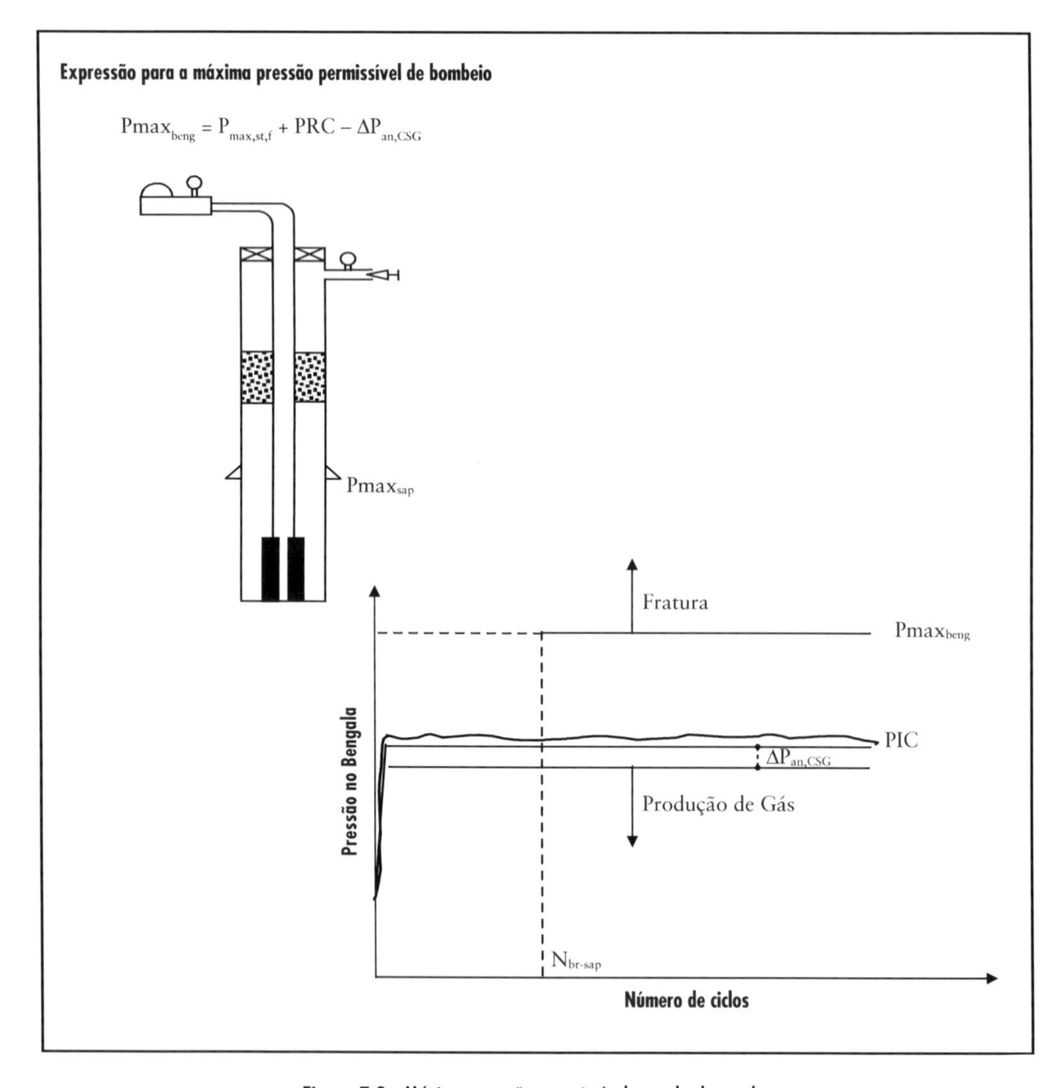

Figura 7.3 Máxima pressão permissível no tubo bengala.

Exemplo de aplicação:

Com os seguintes dados:

Profundidade do poço:	1 500 metros
Volume do *kick*:	15 bbl
SICP – 200 psi e SIDPP:	150 psi
Massa específica da lama original:	10 lb/gal
Capacidade da coluna de perfuração:	0,05814 bbl/m
Capacidade do espaço anular:	0,3326 bbl/m
Deslocamento da bomba:	0,105 bbl/stk
Volume de lama no sistema:	1 300 bbl
Pressão reduzida de circulação:	500 psi
Perda de carga na linha do *choke*:	100 psi

Determine:

a) Volume e número de *strokes* correspondente ao interior da coluna

$$V_{col} = 1\,500 \cdot 0{,}05814 = 87{,}2 \text{ bbl}$$

$$Stk_{sup\text{-}br} = \frac{V_{col}}{\delta_{mp}} = 87{,}2 \,/\, 0{,}105 = 831 \text{ stks}$$

b) O tipo de fluido invasor

$$\rho_k = 10 - \frac{(200 - 150) \cdot 0{,}3326}{0{,}17 \cdot 15} = 3{,}5 \text{ lb/gal}$$

O fluido invasor provavelmente é gás

c) A massa específica do fluido para matar o poço

$$\rho_{nm} = 10 + \frac{150}{0{,}17 \cdot 1\,500} = 10{,}6 \text{ lb/gal}$$

d) A quantidade de baritina necessária e o aumento no volume nos tanques causado pela adição de baritina.

$$W_B = \frac{1\,500 \cdot 1\,300 \cdot (10{,}6 - 10)}{35{,}8 - 10{,}6} = 46\,429 \text{ lbs}$$

Isso corresponde a $\frac{46\,429}{44{,}1} = 1\,053$ sacos de baritina de 20 kg ou $\frac{46\,429}{135} = 344$ pés cúbicos. O aumento de volume nos tanques foi de $\frac{46\,429}{1\,500} = 31$ bbl.

e) As pressões inicial e finais de circulação

$$PIC = 500 + 150 = 650 \text{ psi}$$

$$PFC_1 = \frac{500 \cdot 10{,}6}{10{,}0} = 530 \text{ psi}$$

$$PFC_2 = \frac{530 + 100 \cdot 10{,}6}{10{,}0} = 636 \text{ psi}$$

EXERCÍCIOS

7.1) Determine as máximas pressões dinâmicas durante a circulação de um *kick* num poço terrestre nas seguintes condições:

Massa específica do fluido de perfuração:	10 lb/gal
Profundidade da sapata:	2 000 m
Massa específica equivalente de fratura na sapata:	14 lb/gal
Pressão Reduzida de Circulação:	700 psi
SIDPP:	400 psi
Pressão de teste do BOP:	5 000 psi
Resistência à pressão interna do revestimento:	5 600 psi

7.2) Determine as máximas pressões dinâmicas durante a circulação de um *kick* em um poço em águas profundas nas seguintes condições:

Massa específica do fluido de perfuração:	10 lb/gal
Profundidade da sapata:	2 000 m
Massa específica equivalente de fratura na sapata:	14 lb/gal
Pressão Reduzida de Circulação:	700 psi
SIDPP:	400 psi
Pressão de teste do BOP:	5 000 psi
Resistência à pressão interna do revestimento:	5 600 psi
Lâmina de água:	500 m
Perda de carga na linha do *choke*:	150 psi

7.3) Deduza a Equação 7.20.

7.4) Determine a pressão de uma formação a 3 500 metros que gerou um *kick* com 100 metros de altura e massa específica de 2 lb/gal no fundo de um poço terrestre. O fluido de perfuração no poço tinha uma massa específica de 9 lb/gal e a SICP registrada foi de 350 psi. Determine também a pressão atuante na sapata do revestimento assentado a 2 000 metros após o fechamento do poço.

7.5) Ocorreu um *kick* durante a perfuração em um poço terrestre com 3 500 metros. Sabendo-se que a pressão reduzida de circulação era de 1 500 psi, o peso do fluido de perfuração era de 9 lb/gal, as pressões de fechamento registradas após a estabilização foram SIDPP = 300 psi e SICP = 450 psi, a sapata do último revestimento estava assentada a 2 900 metros e a que a pressão de fratura nessa profundidade era equivalente a 13,5 lb/gal, determinar:

a) A pressão da formação e o peso do fluido requerido para matar o poço.
b) As pressões inicial e final de circulação.
c) A máxima pressão estática permissível no *choke*, considerando a fratura da sapata no fechamento poço.

8 CAPÍTULO

MÉTODOS DE CONTROLE DE *KICKS*

OBJETIVOS DOS MÉTODOS DE CONTROLE DE *KICKS*

Os objetivos básicos dos métodos de controle de *kicks* são remover do poço o fluido invasor e restabelecer o seu controle primário por meio do ajuste da massa específica do fluido de perfuração. Durante a remoção do fluido invasor e aplicação do processo de ajuste da massa específica do fluido de perfuração, o estado de pressão no poço deve ser mantido em um nível suficiente para evitar influxos adicionais, sem contudo causar danos mecânicos às formações, ao equipamento de segurança de cabeça de poço ou ao revestimento. Isso é conseguido utilizando-se o princípio da pressão constante no fundo do poço.

Princípio da pressão no fundo do poço constante

Quando o *kick* é detectado, o poço é fechado e as pressões no seu interior aumentam até o instante no qual a pressão no poço se iguala à pressão da formação que provocou o influxo. Conforme visto anteriormente, nesse instante, o fluxo da formação cessa e um método de controle de poço deve ser usado. Seja qual for o método de controle convencional adotado, ele utiliza o princípio da pressão constante no fundo do poço que indica que a pressão nesse ponto deve ser mantida constante durante toda a implementação do método escolhido com um valor igual à pressão da formação que gerou o *kick*, acrescido de uma margem de segurança. Se a circulação é possível, utiliza-se o Método do Sondador (recomendado no Brasil) ou o Método do Engenheiro, onde a margem de segurança de pressão aplicada no fundo do poço é numericamente igual ao valor das perdas de carga por fricção no espaço anular. Caso a circulação não seja possível, pode-se implementar o Método Volumétrico, em que a margem de segurança é um valor arbitrário sendo comumente 100 psi.

Método do sondador

O método do sondador foi o adotado no Brasil para ser usado tanto em sondas com **ESCP** de superfície como naquelas com **ESCP** submarino. Esse método consta de duas fases: na primeira circulação, o *kick* é deslocado para fora do poço; na segunda circulação, a lama original é substituída pela lama para matar o poço.

O método é implementado em sonda com **ESCP** de superfície da seguinte maneira:

1. Manter a pressão constante no manômetro do *choke* enquanto a bomba é levada para a velocidade reduzida de circulação. Quando essa velocidade é atingida, a leitura no tubo bengala deverá ser **PIC**. Circular lama original na vazão reduzida de circulação mantendo-se a **PIC** no tubo bengala observando sempre as máximas pressões dinâmicas permissíveis nos manômetros da superfície.
2. Após circular nessa situação um volume equivalente ao do espaço anular, parar a bomba e fechar o *choke*. As pressões no tubo bengala e no *choke* deverão ser iguais a **SIDPP**.
3. Bombear lama de matar pelo interior da coluna, mantendo a pressão no *choke* constante e igual **SIDPP**, até que a lama nova atinja a broca. No início do bombeio, a pressão no tubo bengala deverá ser **PIC**. Essa pressão cairá constantemente até que a lama nova chegue à broca, quando seu valor será **PFC**.
4. Manter a pressão no tubo bengala igual à **PFC** até que a lama de matar chegue à superfície.
5. Parar a bomba e fechar o *choke*. Observar as pressões no tubo bengala e no *choke*, que deverão ser nulas.
6. Abrir o poço e observar se há fluxo.
7. Retornar às operações normais de perfuração, após circular o fluido de perfuração, com a margem de segurança da manobra.

Em sondas com o ESCP submarino, o procedimento é o seguinte:

1. Manter a pressão constante no manômetro da linha de matar em **SICP** através da abertura controlada do *choke* enquanto a bomba é levada para a velocidade reduzida de circulação. Quando essa velocidade for atingida, a leitura no tubo bengala deverá ser **PIC**. Caso a leitura do manômetro da linha de matar não esteja disponível, abrir o *choke* para permitir que a pressão no manômetro do *choke* caia de **SICP** para **SICP** – ΔP_{cl} enquanto a bomba é levada até a velocidade reduzida de circulação. Circular lama original na vazão reduzida de circulação mantendo a **PIC** no tubo bengala, observando sempre as máximas pressões dinâmicas permissíveis.
2. Observar o instante em que o gás entra na linha do *choke* que é indicado por um rápido aumento da pressão no manômetro do *choke* e redução da pressão lida no manômetro da linha de matar. A partir desse instante, ficar atento para a possibilidade de se ter de reduzir a abertura do *choke* rapidamente.
3. Após circular um volume equivalente ao do espaço anular mais o da linha do *choke*, parar a bomba e fechar o *choke*. As pressões nos manômetros do tubo bengala, do *choke* e da linha de matar deverão ser iguais a **SIDPP**.
4. Bombear lama nova pelo interior da coluna, mantendo a pressão no manômetro da linha de matar constante e igual a **SIDPP** ou no *choke* constante e igual a **SIDPP** – ΔP_{cl}, até que a lama nova atinja a broca. No início do bombeio, a pressão no tubo bengala deverá ser **PIC**. Essa pressão cairá constantemente até que a lama nova chegue à broca quando seu valor será **PFC**$_1$.
5. Mantendo a pressão no tubo bengala igual a **PFC**$_1$, continuar a deslocar lama nova até o ponto de equilíbrio dinâmico (a ser discutido na próxima seção) ser atingido. Após esse momento, a pressão continuará crescendo até a lama nova chegar à superfície onde a pressão de bombeio será **PFC**$_2$.
6. Parar a bomba e fechar o *choke*. As pressões no tubo bengala e no *choke* deverão ser nulas.
7. Aplicar o procedimento para remoção do gás aprisionado abaixo do **BOP** e troca da lama do *riser* e da linha de matar. Circular o fluido de perfuração com a margem de segurança da manobra ou do *riser* e retomar as operações de perfuração normais.

Comportamento de pressões para o método do sondador em sondas com ESCP de superfície

Nesta seção, serão vistas as evoluções das pressões durante a implementação do método do sondador em três pontos do sistema de circulação: manômetro do tubo bengala, sapata do último revestimento descido no poço e manômetro do *choke*. Na análise do comportamento das pressões são adotadas as seguintes hipóteses simplificadoras: (a) as perdas de carga por fricção no espaço anular são desconsideradas; (b) a massa específica do fluido invasor (gás) é bem menor que a do fluido de perfuração; (c) o influxo aconteceu durante a perfuração; (d) as seções transversais dos espaços anulares tubo-poço e tubo-revestimento são iguais; (e) o gás é representado por uma única bolha e não se dispersa no fluido de perfuração; e (f) a pressão no fundo do poço é mantida constante durante toda a implementação do método do sondador.

A Figura 8.1 mostra o comportamento das pressões durante a primeira circulação do método do sondador. Após o fechamento do poço e estabilização das pressões, os seus valores nos manômetros do tubo bengala e do *choke* serão respectivamente **SIDPP** e **SICP**. A pressão na sapata será **SICP** mais o valor da pressão hidrostática do fluido de perfuração desde a sapata até a superfície. Em sequência, a Figura 8.1 apresenta os eventos da primeira circulação no método do sondador:

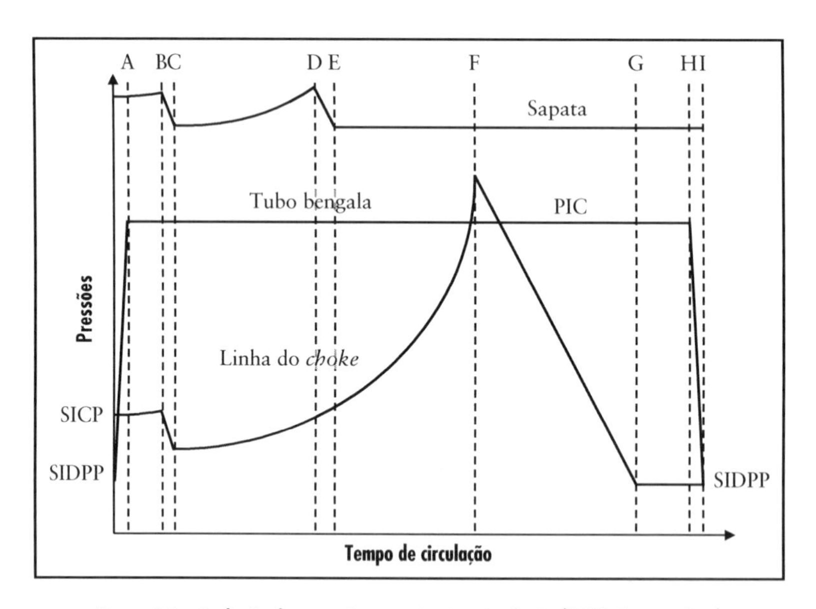

Figura 8.1 Evolução das pressões na primeira circulação (ESCP de superfície)

Evento A – Nesse instante, a vazão reduzida de circulação é estabelecida. A pressão no tubo bengala sobe de **SIDPP** para **PIC** em virtude da adição das perdas de carga por fricção no sistema (**PRC**). Durante a aceleração da bomba até atingir a velocidade reduzida de circulação, as pressões no manômetro do *choke* e na sapata permanecem constantes (as perdas de carga no espaço anular são desconsideradas). Após esse momento, as pressões atuantes nos pontos localizados acima do topo do gás aumentam (porém muito pouco) em virtude da redução da pressão hidrostática do gás no espaço anular, causada pela expansão permitida e controlada do *kick*.

Evento B – Nesse momento, o topo do gás atinge o topo dos comandos. A partir desse instante, as pressões no manômetro do *choke* e na sapata do revestimento caem. A razão da queda é a redução do comprimento da altura de gás no espaço anular que ocorre quando ele passa do anular poço–comandos para o anular poço-tubos (aumento da seção transversal) com o consequente aumento da pressão hidrostática no espaço anular. Como a pressão no fundo do poço é constante, as pressões nos pontos posicionados acima do topo do gás reduzem-se. A pressão no tubo bengala permanece constante e igual à **PIC** durante toda a primeira circulação.

Evento C – Base do gás no topo dos comandos. A partir desse momento, as pressões na sapata e no manômetro do *choke* aumentam gradualmente em decorrência da expansão controlada do gás.

Evento D – Topo do gás na sapata. Esse evento corresponde ao instante no qual a pressão na sapata do revestimento atinge o seu valor máximo durante a circulação contanto que a pressão no fundo do poço seja mantida constante. A partir do ponto **D**, a pressão na sapata reduz-se gradativamente, pois a pressão hidrostática existente entre o fundo do poço e a sapata aumenta em vistude da redução da altura do gás abaixo da sapata enquanto a circulação prossegue. A pressão no manômetro do *choke* continua a subir em decorrência da expansão controlada do gás.

Evento E – Base do gás na sapata. A partir desse instante, a pressão na sapata permanece constante até o final da primeira circulação. Esse ponto corresponde ao número de ciclos de bombeio do fundo do poço até a sapata. Após esse evento, a máxima pressão permissível a ser observada no manômetro do *choke* passa ser aquela relativa ao equipamento ($\mathbf{P}_{max,din,eq}$).

Evento F – Topo do gás na superfície. Daí em diante, com a produção do gás há um aumento da pressão hidrostática no poço, que é compensado com a abertura do *choke* e consequente queda de pressão no manômetro do *choke*. As pressões na sapata e no manômetro do tubo bengala permanecem constantes.

Evento G – Base do gás na superfície. Após esse evento, as pressões permanecem constantes nos dois manômetros em consideração: **PIC** no do tubo bengala e **SIDPP** no do *choke*.

Evento H – Início da desaceleração da bomba. A partir desse instante, a pressão no manômetro do tubo bengala reduz-se em virtude da diminuição das perdas de carga no sistema, enquanto a pressão no manômetro do *choke* permanece constante e igual a **SIDPP**.

Evento I – Término da primeira circulação. As pressões nos dois manômetros em consideração registrarão o valor de **SIDPP**, caso não se tenha mais gás no poço ou pressão confinada (trapeada) no sistema.

O comportamento das pressões durante a segunda circulação é mostrado na Figura 8.2. Os principais eventos são os seguintes:

Evento A – Nesse instante, a vazão reduzida de circulação é estabelecida para a segunda circulação. A pressão no tubo bengala sobe de **SIDPP** para **PIC** em decorrência da adição das perdas de carga por fricção no sistema (**PRC**). Através da abertura gradual do *choke*, a pressão no manômetro do *choke* é mantida constante e igual a **SIDPP**. Durante a aceleração da bomba até atingir a velocidade reduzida de circulação, a pressão na sapata permanecem constante (as perdas de carga no espaço anular são desconsideradas). Após o Evento **A**, a pressão lida no manômetro do tubo bengala cai de **PIC** até o valor de **PFC** quando a lama nova atingir a broca, para um volume deslocado igual ao do interior da coluna de perfuração. A queda de pressão observada é devida ao amortecimento do poço pelo interior da coluna. No trecho **AB**, a pressão no manômetro do *choke* é mantida constante.

Evento B – Lama nova chega à broca. A partir deste instante, a pressão no manômetro do tubo bengala deve ser mantida constante em **PFC**. As pressões na sapata e no manômetro do *choke* diminuem em virtude da abertura gradual do *choke* para compensar a circulação de fluido mais pesado no interior do espaço anular, mantendo assim a pressão no fundo do poço constante. A partir do Evento **B**, o poço começa a ser amortecido pelo espaço anular.

Evento C – Lama nova no topo dos comandos. A partir desse momento, as pressões na sapata e no manômetro do *choke* caem agora a uma taxa menor (abertura do *choke* se faz mais lentamente), pois a lama nova flui agora através de um espaço anular mais largo (poço-tubos).

Evento D – Lama nova na sapata do revestimento. A partir do Evento **D**, a pressão na sapata permanece constante.

Evento E – Lama nova na superfície. A pressão no *choke* cai a zero (ele totalmente aberto). A partir desse instante, a pressão no *choke* é nula e a lida no manômetro do tubo bengala permanece igual à **PFC**.

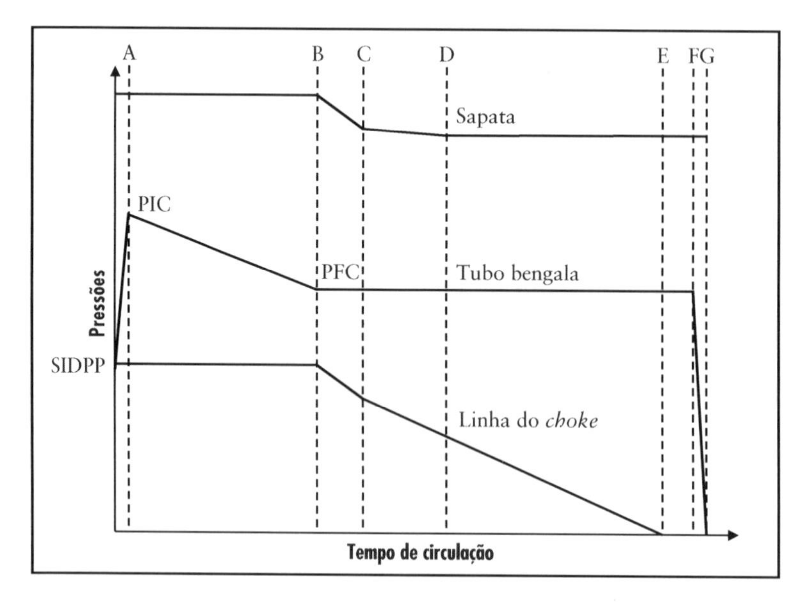

Figura 8.2 Evolução das pressões na segunda circulação (ESCP de superfície).

Evento F – Início da desaceleração da bomba. A partir desse instante, a pressão no manômetro do tubo bengala cai para zero em virtude da redução das perdas de carga por fricção no sistema.

Evento G – Término da segunda circulação. As pressões nos manômetros do *choke* e do tubo bengala são nulas caso o poço esteja devidamente amortecido.

Comportamento de pressões para o método do sondador em sondas com ESCP submarino

Nesta seção serão vistas as evoluções das pressões durante a implementação do método do sondador em sondas com **ESCP** submarino. Será também mostrado o comportamento da pressão no manômetro instalado na superfície ligado à linha de matar. Nesta análise, são adotadas as mesmas hipóteses já utilizadas.

A Figura 8.3 mostra o comportamento de pressões durante a primeira circulação do método do sondador. Após o fechamento do poço e a estabilização das pressões, seus valores lidos nos manômetros do tubo bengala, do *choke* e da linha de matar são respectivamente **SIDPP, SICP** e **SICP**. A pressão na sapata será **SICP** mais o valor da pressão hidrostática do fluido de perfuração, desde a sapata até a superfície. Em sequência, a Figura 8.3 apresenta os seguintes eventos durante a primeira circulação no método do sondador:

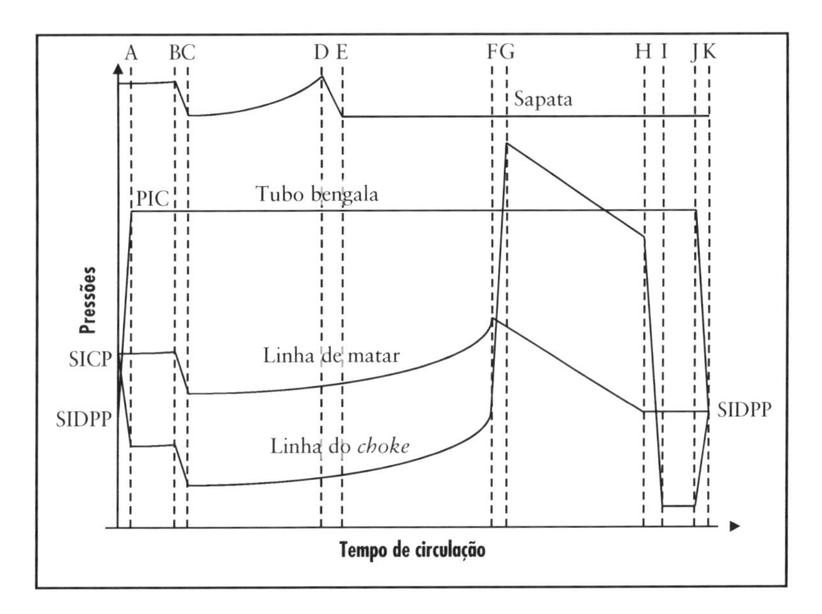

Figura 8.3 Evolução das pressões na primeira circulação (ESCP submarino).

Evento A – Neste instante, a vazão reduzida de circulação é estabelecida. Durante a aceleração da bomba até atingir a velocidade reduzida de circulação e por meio da abertura gradual do *choke*, a pressão no manômetro da linha de matar é mantida constante e como consequência, a lida no manômetro do *choke* cai do valor das perdas de carga na linha do *choke*. A pressão no tubo bengala sobe de **SIDPP** para **PIC**, em virtude da adição das perdas de carga por fricção no sistema (**PRC**$_r$). A pressão na sapata permanece constante (as perdas de carga no espaço anular são desconsideradas). Após esse momento, as pressões atuantes nos pontos localizados acima do topo do gás irão aumentar (porém muito pouco) em virtude da redução da pressão hidrostática do gás no espaço anular causada pela expansão permitida e controlada do *kick*.

Evento B – Nesse momento, o topo do gás atinge o topo dos comandos. A partir desse instante, a pressão cai nos manômetros da linha do *choke* e de matar e na sapata do revestimento. A razão dessas quedas de pressão é a abertura do *choke* para compensar o aumento de pressão hidrostática no espaço anular em decorrência da redução do comprimento da altura de gás, quando ele passa do anular poço-comandos para o anular poço–tubos. Assim, a pressão no fundo do poço permanece constante bem como a do tubo bengala com valor igual a **PIC** que deve permanecer com esse valor durante toda a primeira circulação.

Evento C – Base do gás no topo dos comandos. A partir deste momento, as pressões na sapata e nos dois manômetros instalados respectivamente nas linhas do *choke* e de matar aumentam gradualmente em virtude da expansão controlada do gás.

Evento D – Topo do gás na sapata. Esse evento corresponde ao instante no qual a sapata do revestimento é submetida à máxima pressão durante a circulação, caso a pressão no fundo do poço seja mantida constante. A partir do ponto **D**, a pressão na sapata reduz-se gradativamente, pois a pressão hidrostática existente entre o fundo do poço e a sapata, aumenta em decorrência da redução da altura de gás abaixo da sapata, enquanto a circulação prossegue. As pressões nos manômetros das linhas de *choke* e de matar continuam subindo, em virtude da expansão controlada do gás.

Evento E – Base do gás na sapata. A partir desse instante, a pressão na sapata permanece constante até o final da primeira circulação. Esse ponto corresponde ao número de ciclos de bombeio do fundo do poço até a sapata. Após esse evento, a máxima pressão permissível a ser observada no manômetro da linha de matar passa a ser aquela relativa ao equipamento ($\mathbf{P}_{max,din,eq}$).

Evento F – Topo do gás no **BOP** submarino. A pressão no manômetro do *choke* aumenta bruscamente após este evento, pois o gás fluindo rapidamente pela linha do *choke* causa uma redução da pressão hidrostática no espaço anular. Assim, para manter a pressão no fundo do poço constante, a pressão no manômetro da linha do *choke* deve subir por meio do rápido fechamento do *choke*. A pressão no manômetro da linha de matar começa a cair a partir do Evento F, pois com a continuação da circulação, a altura de gás existente entre o fundo do poço e o manômetro da linha de matar diminui aumentando assim a pressão hidrostática nesse intervalo. Ver Figura 8.4.

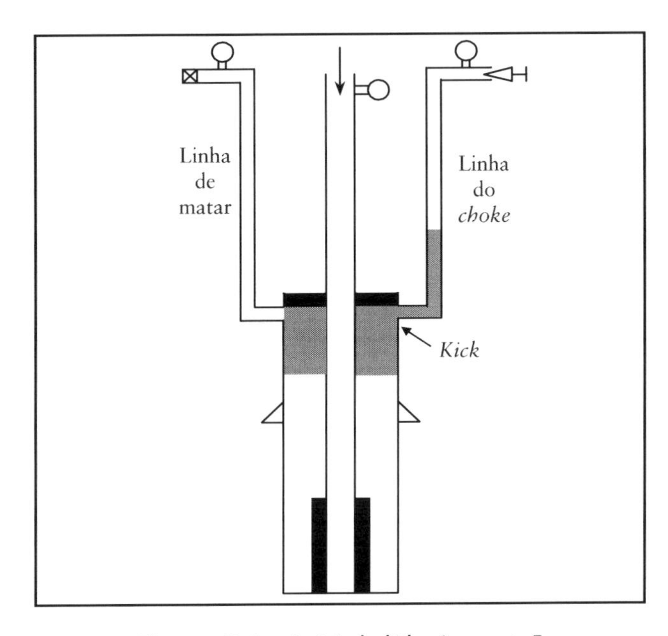

Figura 8.4 – Posição do *kick* após o evento F.

Evento G – Topo do gás na superfície. As pressões caem nos manômetros das linhas de matar e do *choke*, em decorrência da abertura do *choke*. As pressões na sapata e no manômetro do tubo bengala permanecem constantes.

Evento H – Base do gás no **BOP**. Após esse instante, a pressão registrada no manômetro do *choke* reduz-se drasticamente em virtude da abertura rápida do *choke* para compensar o aumento de pressão hidrostática no interior dessa linha causado pela substituição do gás pelo fluido de perfuração. A pressão no manômetro da linha de matar permanece constante após este evento e igual a **SIDPP**.

Evento I – Base do gás na superfície. Após o Evento **I**, as pressões permanecem constantes nos três manômetros em consideração: **PIC** no do tubo bengala, **SIDPP** no da linha de matar e **SIDPP** menos as perdas de carga por fricção da linha do *choke* no manômetro do *choke*.

Evento J – Início da desaceleração da bomba. A partir desse instante, a pressão no manômetro do tubo bengala reduz-se em decorrência da redução das perdas de carga por fricção no sistema, enquanto a no manômetro do *choke* aumenta por causa do fechamento do *choke* para compensar a redução das perdas de carga por fricção na linha do *choke*.

Evento K – Término da primeira circulação. As pressões nos três manômetros em consideração registrarão o valor de **SIDPP** caso não exista mais gás no poço ou pressão aprisionada no sistema.

O comportamento das pressões durante a segunda circulação é mostrado na Figura 8.5. Os principais eventos são os seguintes:

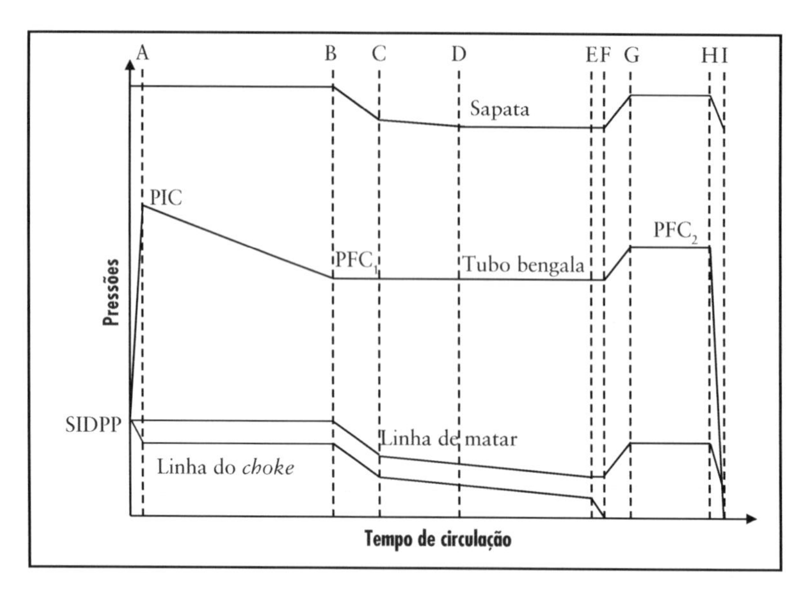

Figura 8.5 Evolução das pressões na segunda circulação (ESCP submarino).

Evento A – Nesse instante, a vazão reduzida de circulação é estabelecida para a segunda circulação. Durante a aceleração da bomba até atingir a velocidade reduzida de circulação e por meio da abertura gradual do *choke*, a pressão no manômetro da linha de matar é mantida constante e a mostrada no manômetro do *choke* cai do valor das perdas de carga na linha do *choke*. A pressão no tubo bengala sobe de **SIDPP** para **PIC** por causa da adição das perdas de carga por fricção no sistema (**PRC_r**). A pressão na sapata permanece constante (perdas de carga no espaço anular são desconsideradas). Após o Evento **A**, a pressão lida no manômetro do tubo bengala cai de **PIC** até o valor de **PFC_1** quando a lama nova atingir a broca, para um volume deslocado igual ao do interior da coluna de perfuração. A queda de pressão observada é devida ao amortecimento do poço pelo interior da coluna. No trecho **AB**, as pressões nos manômetros do *choke* e da linha de matar são mantidas constantes.

Evento B – Lama nova chega à broca. A partir desse instante, a pressão no manômetro do tubo bengala deve ser mantida constante em **PFC_1**. As pressões na sapata e nos manômetros do *choke* e da linha de matar caem em decorrência da abertura gradual do *choke* para compensar a circulação de fluido mais pesado no interior do espaço anular mantendo, assim, a pressão no fundo do poço constante. A partir do Evento **B**, o poço começa a ser amortecido pelo espaço anular.

Evento C – Lama nova no topo dos comandos. A partir desse momento, as pressões na sapata e nos manômetros do *choke* e da linha de matar caem agora a uma taxa menor (abertura do *choke* mais lentamente), pois a lama nova flui agora através de um espaço anular mais largo (poço-tubos).

Evento D – Lama nova na sapata do revestimento. A partir do Evento D, a pressão na sapata permanece constante.

Evento E – Lama nova no **BOP**. A partir desse evento, a pressão no manômetro da linha do *choke* cai em uma velocidade maior por causa da abertura rápida do *choke*, pois a taxa de amortecimento aumenta bastante em razão do fluxo da lama nova no interior da linha do *choke*. Após esse evento, as pressões na sapata e no manômetro da linha de matar permanecem constantes.

Evento F – Ponto de equilíbrio dinâmico. Nesse momento, o *choke* está totalmente aberto e a pressão registrada no manômetro do *choke* é zero. Isso significa que o poço está morto dinamicamente. Como o *choke* já está totalmente aberto, o aumento da pressão de bombeio, devido ao deslocamento de um fluido mais pesado no espaço anular, não pode ser mais compensado. Assim, a partir desse instante, as pressões sobem nos manômetros do tubo bengala e da linha de matar e na sapata até que a lama nova chegue à superfície.

Evento G – Lama nova na superfície. Daí em diante, as pressões na sapata e nos manômetros do tubo bengala, da linha de matar e do *choke* permanecem constantes. A pressão lida no manômetro do tubo bengala é $\mathbf{PFC_2}$.

Evento H – Início da desaceleração da bomba. A partir desse instante, a pressão no manômetro do tubo bengala cai para zero, enquanto as pressões na sapata e no manômetro da linha de matar se reduzem por causa, respectivamente, da diminuição das perdas de carga por fricção no sistema e na linha do *choke* durante a redução da vazão obtida pela desaceleração da bomba.

Evento I – Término da segunda circulação. As pressões nos manômetros do *choke* e do tubo bengala registrarão zero se o poço estiver devidamente amortecido. A pressão lida no manômetro da linha de matar será a diferença entre as pressões hidrostáticas na linha do *choke* (preenchida com a lama de matar) e na linha de matar (preenchida com a lama original).

Importantes aspectos operacionais durante a circulação do *kick*

1) Conforme visto nas Figuras 8.1 e 8.3 e discutido no capítulo anterior, a pressão máxima na sapata ocorre quando o topo do gás passa por esse ponto, obviamente, considerando-se que a pressão no fundo do poço é mantida constante durante toda a circulação do *kick*. Assim, até o número de ciclos broca-sapata ser atingido, a máxima pressão permissível no manômetro do *choke* ou de matar no caso de unidades flutuantes será $P_{max,din,f}$ (condições dinâmicas). Se essa pressão for excedida, haverá o risco de fratura da formação. Após o gás ter passado pela sapata, a máxima pressão permissível no manômetro do *choke* ou de matar, no caso de unidades flutuantes, será $P_{max,din,eq}$. Danos ao revestimento ou ao equipamento

de segurança do poço poderão ocorrer caso essa pressão seja excedida. É importante destacar que, após o gás passar da sapata, a máxima pressão permissível no *choke* é $P_{max,din,eq}$ e não $P_{max,din,f}$. Se o operador do *choke* não estiver ciente disto, ele o abrirá desnecessariamente, produzindo um novo influxo quando o gás estiver entrando e fluindo pela linha do *choke*, conforme está mostrado na Figura 8.6. Contudo, é necessário destacar mais uma vez que se a pressão no fundo do poço não for mantida constante, mesmo depois de o gás passar da sapata, a formação poderá ser fraturada caso a pressão no bengala exceda $\mathbf{Pmax_{beng}}$.

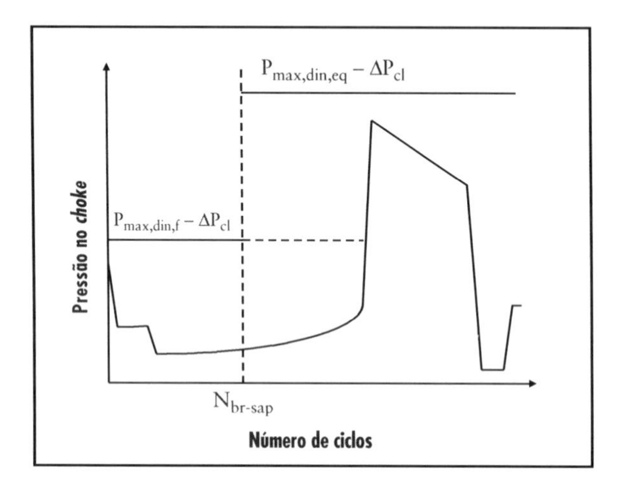

Figura 8.6 Máximas pressões dinâmicas permissíveis no *choke*

2) No início da circulação de um *kick* em uma unidade flutuante, o valor da perda de carga por fricção na linha do *choke* é compensado pela abertura do *choke* enquanto a bomba é acelerada até a velocidade reduzida de circulação. A pressão no manômetro da linha de matar permanece constante e igual a **SICP** enquanto aquela lida no manômetro do *choke* cai de **SICP** para **SICP** – $\mathbf{\Delta P_{cl}}$. A pressão no tubo bengala sobe de **SIDPP** para **PIC**. Nessa e em outras operações de ajuste do *choke*, deve-se observar o tempo para transmissão de pressões desde o *choke* até o manômetro do tubo bengala. Assim, manipulações na abertura do *choke* causam alterações instantâneas na pressão no manômetro do *choke*, porém elas apenas serão observadas no manômetro do tubo bengala após um certo tempo de atraso. Como regra prática, considera-se esse tempo de atraso como de um segundo para cada 330 metros que a perturbação de pressão tem de percorrer. Assim, em um poço de 3 300 m de profundidade, o atraso estimado é de 20 segundos.

3) Conforme visto também na Figura 8.3, quando o gás entra na linha do *choke*, a abertura do *choke* deve ser reduzida gradualmente para promover um aumento na pressão do *choke* e compensar a rápida perda de pressão hidrostática no interior dessa linha. Logo após, quando gás começar a passar através do *choke*, haverá uma grande redução na perda da carga localizada nesse equipamento, exi-

gindo uma rápida redução da sua abertura. Caso essas ações não sejam tomadas, um influxo adicional poderá acontecer. Por outro lado, quando a lama que flui atrás do gás entrar na linha do *choke*, a abertura do *choke* deverá ser gradualmente aumentada para promover uma redução na pressão do *choke* e compensar o brusco aumento da pressão hidrostática no interior dessa linha. Quando a lama voltar a fluir através do *choke*, a sua abertura deverá ser aumentada ainda mais e rapidamente para compensar o brusco aumento das perdas de carga localizada nesse equipamento. O resultado da não implementação dessas ações poderá ser a fratura da formação. Nos casos em que é difícil ajustar a abertura do *choke* nesses momentos, recomenda-se utilizar a bomba de cimentação da sonda e circular com uma vazão em torno de 50 GPM.

4) Em sondas flutuantes e situações em que a pressão estabilizada de fechamento do poço for menor que as perdas de carga por fricção na linha do *choke*, pode-se usar as linhas de matar e do *choke* em paralelo, utilizando a mesma vazão reduzida de circulação. Esse procedimento reduz as perdas de carga por fricção na linha do *choke* a aproximadamente ¼ do valor original. Nesse caso, o procedimento para início da circulação será o seguinte:

- Abrir lentamente o *choke* e simultaneamente ligar a bomba.
- Aliviar a pressão no *choke* enquanto a velocidade da bomba é aumentada.
- Observar que quando a bomba estiver na velocidade reduzida de circulação, a pressão no *choke* deverá estar reduzida de ¼ do valor das perdas de carga por fricção registrado originalmente na linha do *choke*.

5) Durante a circulação do *kick*, o retorno da lama deverá ser direcionado para o separador atmosférico e, em seguida, para as peneiras após a passagem pelo *choke*. Em todo processo de remoção do influxo, o desgaseificador deverá estar operando. A depender do tipo de influxo, durante a sua produção na superfície, deve-se observar os seguintes direcionamentos de fluxo após a passagem pelo *choke*:

- Óleo/água: desviar o fluxo para o separador atmosférico.
- Água sulfurosa: desviar o fluxo para o queimador para descarte no mar.
- Gás: desviar o fluxo para o separador atmosférico. Se o volume de gás for excessivo, desviar o fluxo para o queimador.
- Gás sulfídrico: desviar o fluxo para o queimador.

6) Após a circulação do *kick* e amortecimento do poço em águas profundas, deverá ser implementado procedimento para remoção do gás aprisionado abaixo do BOP e troca da lama do *riser* e da linha de matar.

Método do engenheiro

O método do engenheiro pode ser utilizado alternativamente ao método do sondador quando a circulação do poço é possível. Nesse método, o poço é controlado com apenas uma circulação, ou seja, o influxo é removido do poço utilizando-se o fluido de matar. Assim, a circulação começa após a lama ter sido adensada. Na implementação do método, um gráfico ou planilha de pressão no tubo bengala em função do número de ciclos bombeados deve ser elaborado antes do início do bombeio. A necessidade da confecção do gráfico ou planilha decorre do fato de que quando a lama nova está sendo deslocada no interior da coluna a pressão no manômetro do *choke* não pode ser mantida constante, porque ao gás que se encontra no espaço anular deve ser permitida uma expansão controlada. Assim, o *choke* deve ser manipulado de forma a que a pressão no tubo bengala seja **PIC**, logo após o estabelecimento da velocidade reduzida de circulação, e caia linearmente até $\mathbf{PFC_1}$ quando a lama nova atingir a broca.

O procedimento operacional utilizado na implementação do método do engenheiro quando utilizado em unidades flutuantes é o seguinte:

1. Elaborar um gráfico ou planilha para a pressão de bombeio (tubo bengala) similar ao mostrado na Figura 8.7. Simultaneamente, adensar o fluido de perfuração.
2. Bombear a lama nova de acordo com o gráfico elaborado até esta chegar à broca. Isso correspondente ao número de ciclos ou *strokes* desde a superfície até a broca ($\mathbf{N_{sup\text{-}br}}$).
3. Manter a pressão no tubo bengala em $\mathbf{PFC_1}$ até o ponto de equilíbrio dinâmico ser atingido ($\mathbf{N_{ped}}$).
4. Permitir que a pressão no bengala suba até $\mathbf{PFC_2}$ no instante em que a lama nova atingir a superfície ($\mathbf{N_{total}}$).
5. Parar a bomba e fechar o *choke*. Observar as pressões no tubo bengala e nos manômetros das linhas de matar e do *choke* que deverão ser nulas.
6. Aplicar o procedimento para remoção do gás trapeado abaixo do **BOP** e troca da lama do *riser* e da linha de matar. Retornar às operações normais de perfuração após o ajuste da massa específica do fluido de perfuração devido à margem de segurança do *riser* ou de manobra.

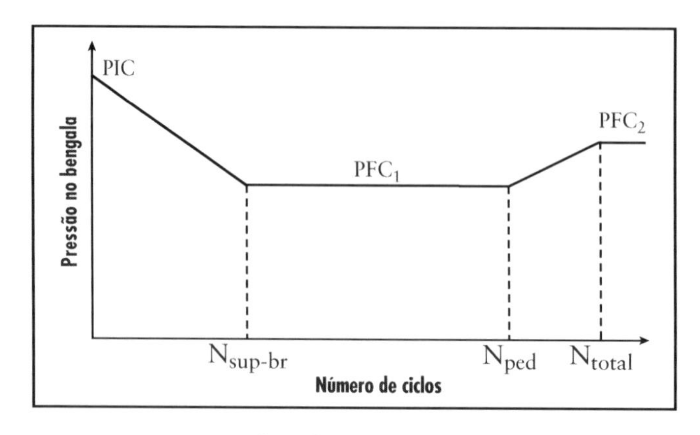

Figura 8.7 Gráfico utilizado no método do engenheiro.

Exemplo de aplicação:

Elaborar uma planilha para a queda de pressão de bombeio durante o deslocamento da lama de matar no interior da coluna de perfuração em função do número de ciclos bombeado, do tempo de circulação, do volume bombeado e da profundidade da interface entre as lamas original e nova. Utilizar os seguintes dados:

Volume do interior da coluna:	180 bbl
Pressão Inicial de Circulação:	1 300 psi
Pressão Final de Circulação:	700 psi
Deslocamento volumétrico da bomba:	0,1 bbl/stk
Vazão da bomba:	150 gpm
Profundidade do poço:	3 000 m

Solução:

Número de ciclos ou *strokes* superfície-broca: $\frac{180}{0,1} = 1\,800$ stks

Queda da pressão de bombeio/*stroke*: $\frac{700 - 1\,300}{1\,800} = -\,0,333$ psi/stk

Tempo por *stroke* bombeado: $\frac{42 \cdot 0,1}{150} = 0,028$ min/stk

Profundidade da interface por *stroke* bombeado: $\frac{3\,000}{1\,800} = 1,667$ m/stk

Número de *strokes* Bombeados (stk)	Pressão no Tubo Bengala (psi)	Volume de Lama Bombeado (bbl)	Tempo de Bombeio (min)	Profundidade da Interface (m)
0	1 300	0	0	0
360	1 180	36	10,08	600
720	1 060	72	20,16	1 200
1 080	940	108	30,24	1 800
1 440	820	144	40,32	2 400
1 800	700	180	50,40	3 000

Comparação entre os métodos do sondador e do engenheiro

O método do sondador é mais fácil de ser implementado pois se baseia apenas na manutenção de pressões constantes nos manômetros do tubo bengala (PIC e PRC) e do choke (SIDPP) durante o deslocamento da lama nova no interior da coluna. Por outro lado, o método do engenheiro tem a sua implementação mais difícil, pois exige a elaboração e o acompanhamento de uma planilha ou gráfico durante o deslocamento da lama nova no interior da coluna. Outra vantagem do método do sondador do ponto de vista da sua implementação é que durante a circulação do kick, só dois tipos de fluidos estão presentes: lama original e o fluido invasor. Isso torna o controle mais simples e menos sujeito à ocorrência de erros durante a circulação.

A implementação do método do engenheiro requer um menor tempo de circulação que o método do sondador pois a expulsão do fluido invasor e o amortecimento do poço ocorrem numa uma só operação. Porém, o poço é mantido fechado por um tempo maior enquanto se eleva a massa específica da lama antes do início da circulação. Nesse período em que o poço está sem circulação, existe a necessidade de controlar a migração do gás e aumentam as possibilidades de prisão da coluna ou de entupimento dos jatos da broca.

Do ponto de vista das pressões geradas, a utilização do método do engenheiro sempre conduz a menores pressões no *choke* quando comparadas àquelas geradas durante a aplicação do método do sondador. A Figura 8.8 mostra a comparação entre as pressões geradas no *choke* durante a primeira circulação no método do sondador e durante a implementação do método do engenheiro. Observa-se que até o fluido de perfuração chegar na broca, o comportamento de pressões é o mesmo para os dois métodos. Após o fluido adensado passar pela broca, ele contribuirá para um amortecimento do poço mais rápido e como consequência menores pressões no *choke*.

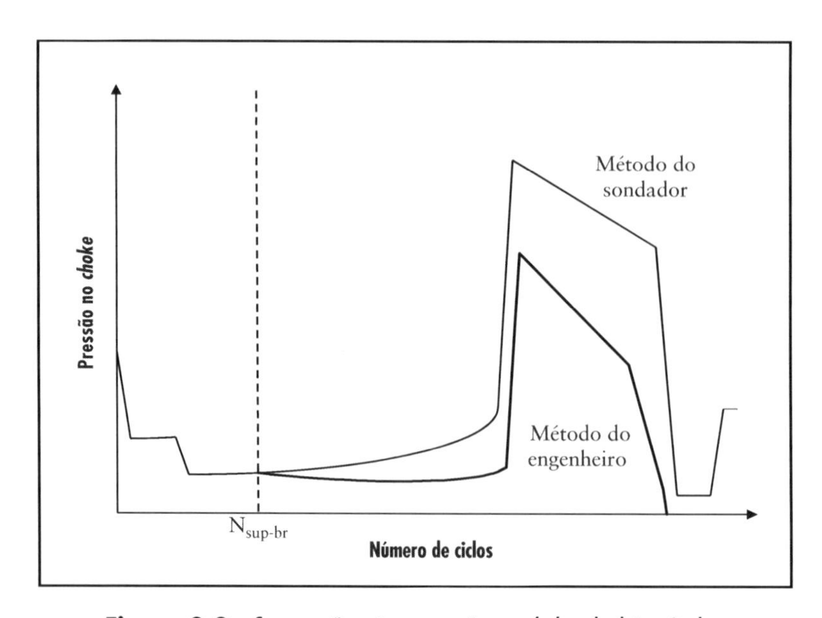

Figura 8.8 Comparação entre as pressões no *choke* pelo dois métodos.

Entretanto, a aplicação do método do engenheiro só conduz a pressões mais baixas na sapata do revestimento quando o volume do interior da coluna é menor que o volume do anular compreendido entre o fundo do poço e a sapata do último revestimento descido, conforme mostrado na Figura 8.9. Percebe-se da figura que quando o volume do interior da coluna é menor que o volume do espaço anular abaixo da sapata, a pressão máxima na sapata é menor para o método do engenheiro, pois a lama adensada começa a amortecer o poço pelo espaço anular antes de o gás passar por esse ponto. Na outra situação, onde o volume do interior da coluna é maior que o volume do espaço anular abaixo da sapata, o gás já terá passado pela sapata quando a lama adensada começar a entrar no espaço anular. Assim, para essa condição, não haverá nenhum benefício em se utilizar o método do engenheiro, pois ambos conduziriam à mesma pressão máxima observada na sapata. Como a maioria dos poços perfurados em água profundas se enquadra nessa última condição e considerando as outras vantagens do método do sondador, principalmente aquelas relacionadas com a sua simplicidade, esse método é o recomendado para ser utilizado na circulação de influxos ocorridos durante as perfurações em águas profundas brasileiras. Existe uma preferência atual na indústria do petróleo pela utilização do método do sondador tanto em sondas terrestres como em unidades flutuantes.

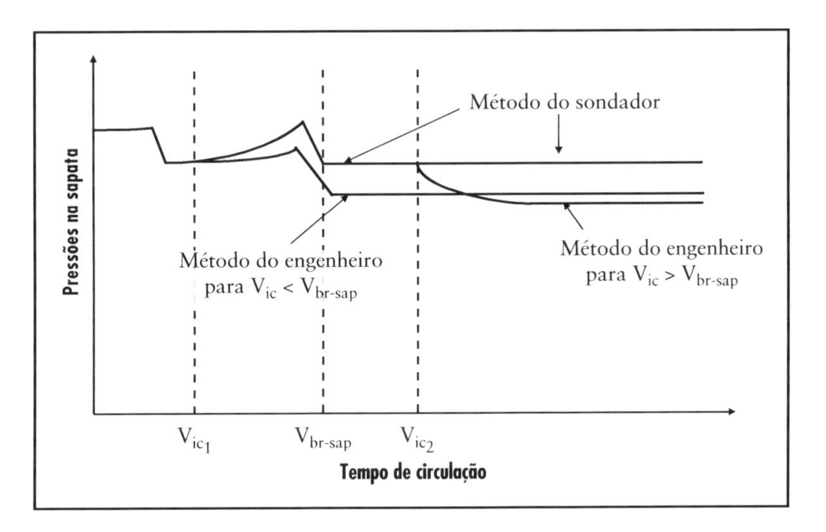

Figura 8.9 Comparação entre as pressões na sapata pelo fois métodos.

Métodos volumétricos

Os métodos volumétricos são utilizados nas situações em que o fluido de perfuração não pode ser circulado para deslocar o *kick* para fora do poço. Essas situações incluem jatos da broca entupidos, problemas com as bombas ou equipamentos de superfície, coluna fora do poço etc. Durante a aplicação de um método volumétrico, a pressão no fundo do poço é mantida aproximadamente constante em um valor mínimo igual à pressão da formação que originou o *kick* mais uma margem de segurança arbitrária (normalmente 100 psi). Em sondas terrestres e em plataformas fixas ou autoelevatórias, o método volumétrico estático é utilizado enquanto, em sondas flutuantes, recomenda-se a utilização do método volumétrico dinâmico.

Método volumétrico estático

A primeira fase do método consiste em se permitir a migração do gás sob expansão controlada até ele atingir a superfície. Essa expansão controlada é obtida por meio da drenagem de lama na superfície pelo *choke*. A aplicação do método consiste em seguir um procedimento em ciclos de migração e drenagem em que a pressão no fundo do poço é mantida aproximadamente constante. Operacionalmente, o método é implementado da seguinte maneira:

1. Após o fechamento do poço, permitir um crescimento de pressão de 100 psi (margem de segurança) no manômetro do *choke*.
2. Permitir um novo acréscimo de 50 psi (margem operacional).
3. Drenar, tentando manter essa pressão constante no *choke*, um volume de lama que origine uma redução de pressão hidrostática de 50 psi no poço. Esse volume (V_m) pode ser estimado pela seguinte fórmula:

$$V_m = 294 \cdot \frac{C}{\rho_m} \quad (8.1)$$

4. Repetir o ciclo a partir do passo 2 até o gás atingir a superfície.

Na implementação desse procedimento, a pressão no fundo do poço permanecerá aproximadamente constante variando entre 100 e 150 psi acima da pressão da formação enquanto que a pressão no *choke* será sempre crescente, atingindo o valor máximo quando o gás chegar à superfície. Esse comportamento de pressões está mostrado na Figura 8.10. Nesse instante, a segunda fase do método, conhecida como *top kill*, pode ser implementada. Essa fase consiste de ciclos envolvendo períodos de injeção de fluido adensado pela linha de matar, segregação desse fluido adensado no poço e drenagem de gás pelo *choke*. O peso de fluido de perfuração a ser injetado pode ser estimado se o volume de gás no poço é conhecido. Assim, a massa específica do fluido de perfuração após adensamento será:

$$\rho_{nm} = \frac{P_{ckmax} \cdot C}{0{,}17 \cdot V_g} \quad (8.2)$$

onde $\mathbf{P_{ckmax}}$ é a máxima pressão lida no manômetro do *choke* (gás na superfície) e $\mathbf{V_g}$ é o volume de gás em barris.

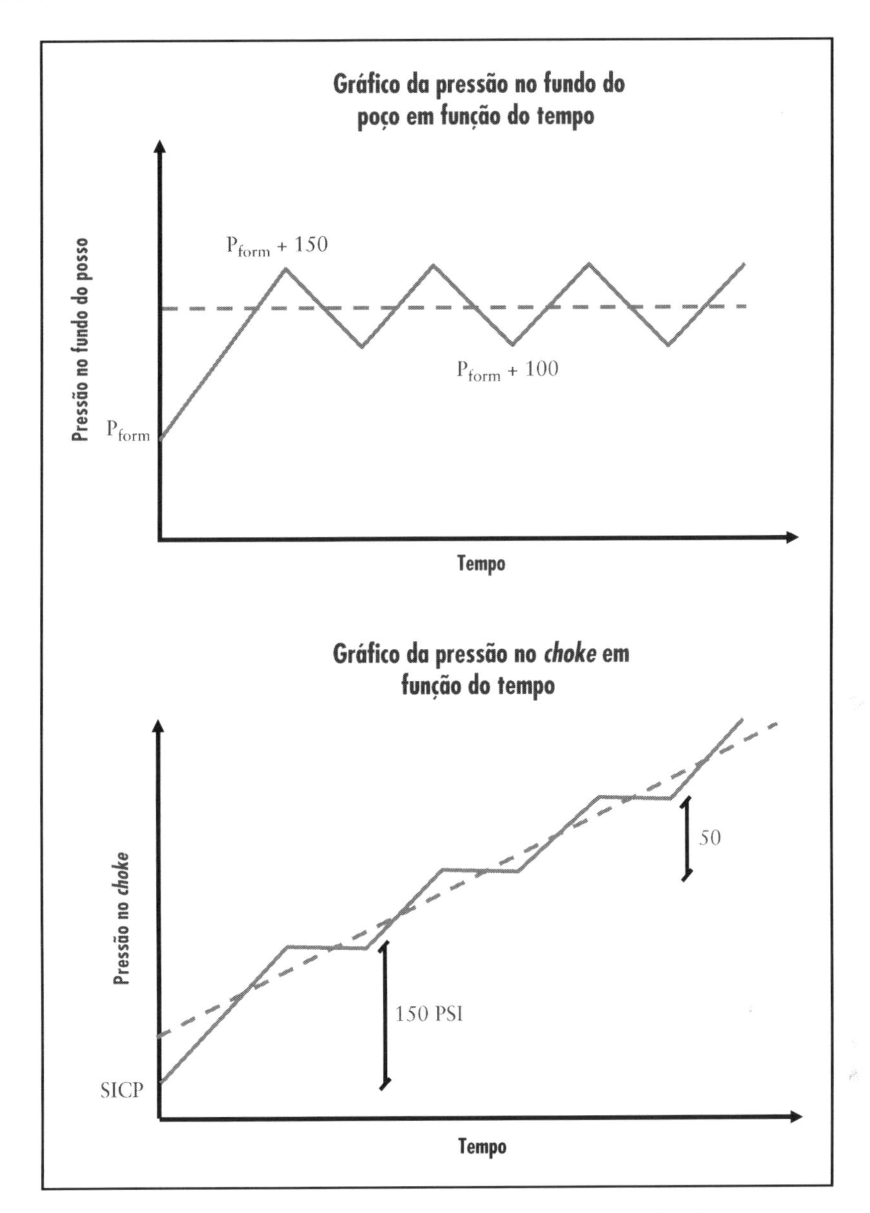

Figura 8.10 Comportamento das pressões na 1ª fase do método volumétrico.

A segunda fase é implementada utilizando-se o seguinte procedimento operacional:

1. Injetar pela linha de matar um volume de lama nova (V_m) até que a pressão no *choke* (P_{ck}) aumente de 100 psi, isto é, P_{ck} + 100. Registrar esse volume e calcular o ganho de pressão hidrostática no fundo do poço (**ΔP**) pela fórmula:

$$\Delta P = \frac{0{,}17 \cdot \rho_{nm} \cdot V_m}{C} \qquad (8.3)$$

1. Permitir a segregação da lama (três minutos a cada barril injetado).
2. Drenar o gás pelo *choke* até que a pressão no *choke* caia para $P_{ck} - \Delta P$.
3. Repetir o processo a partir do passo 1 até que todo o gás tenha sido substituído pela lama adensada.

Durante a execução dessa fase, a pressão no *choke* decresce ao longo do tempo, enquanto a pressão no fundo do poço é mantida aproximadamente constante. A Figura 8.11 mostra o comportamento de pressões durante a aplicação da segunda fase do método volumétrico estático.

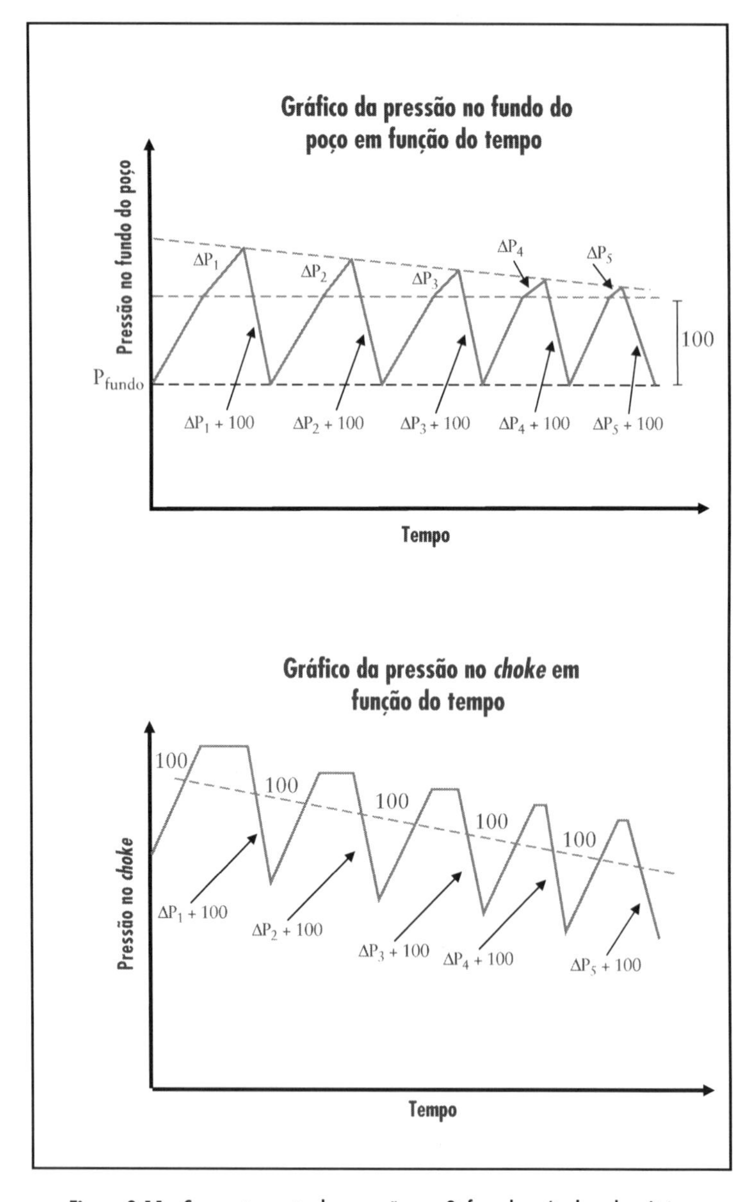

Figura 8.11 Comportamento das pressões na 2ª fase do método volumétrico.

Exemplo de aplicação:

Projetar os dois primeiros passos da primeira fase de uma operação de utilização do método volumétrico estático, a massa específica do fluido adensado a ser injetado no poço e os dois primeiros passos da segunda fase, utilizando as informações contidas nas Figuras 8.12 e 8.13 (onde os valores de pressão mostrados foram calculados considerando-se a pressão hidrostática do gás nula) e as seguintes condições de perfuração:

Profundidade do poço:	3000 m
Capacidade do poço:	0, 2298 bbl/m
Massa específica do fluido de perfuração:	10 lb/gal
SICP:	450 psi
Volume ganho:	20 bbl

Solução:

1. Permitir que a pressão no *choke* aumente para 600 psi por meio da migração do gás no poço. A pressão no interior do poço, inclusive no fundo, subirá de 150 psi. No fundo ela será de 5650 psi.
2. Mantendo 600 psi no manômetro do *choke*, drenar pela linha do *choke* um volume de lama igual a: $V_m = \dfrac{294 \cdot 0{,}2298}{10} = 6{,}8$ bbl. Após essa drenagem, a pressão no fundo do poço cairá de 50 psi, ou seja, voltará para 5600 psi.
3. Permitir que a pressão no *choke* aumente para 650 psi por meio da migração do gás. A pressão no fundo do poço subirá de 50 psi, ou seja, retornará para 5650 psi.
4. Drenar mais 6,8 bbl de lama mantendo 650 psi no *choke*. A pressão no fundo do poço cairá de 50 psi, voltando assim para 5600 psi.

Conforme observado na Figura 8.12, o gás chega à superfície com a pressão de 1220 psi e um volume total de 90,4 bbl. A massa específica do fluido de perfuração a ser injetado no poço é estimada da seguinte maneira:

$$\rho_{nm} = \frac{1220 \cdot 0{,}2298}{0{,}17 \cdot 90{,}4} = 18{,}2 \text{ lb/gal}$$

A segunda fase da operação está mostrada na Figura 8.13 e os dois primeiros passos estão resumidos a seguir:

1. Injetar pela linha de matar fluido adensado até que a pressão no *choke* suba para 1320 psi. Registrar o volume injetado (nesse exemplo foi de 6,9 bbl).

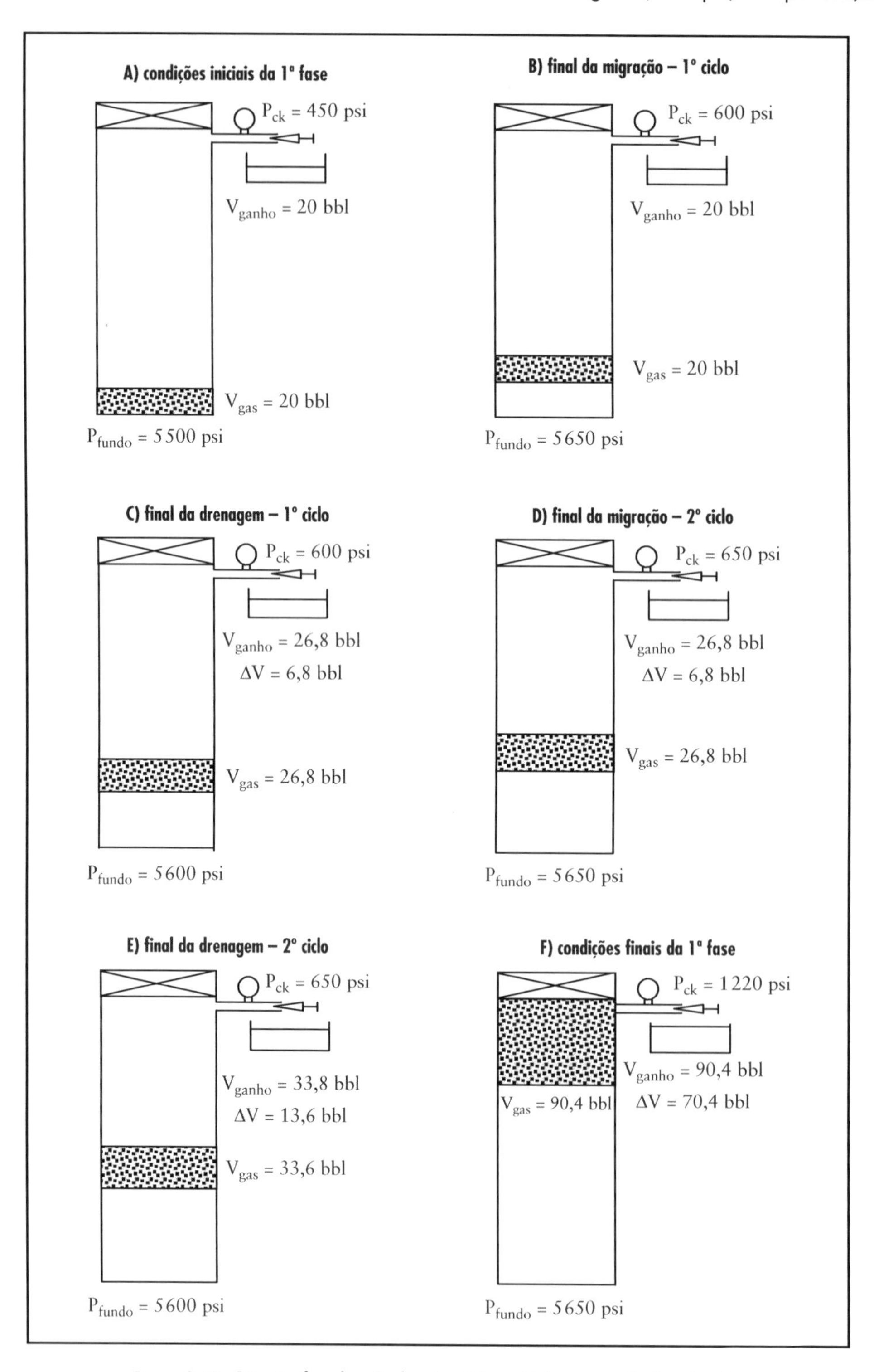

Figura 8.12 Primeira fase do método volumétrico estático – exemplo de aplicação.

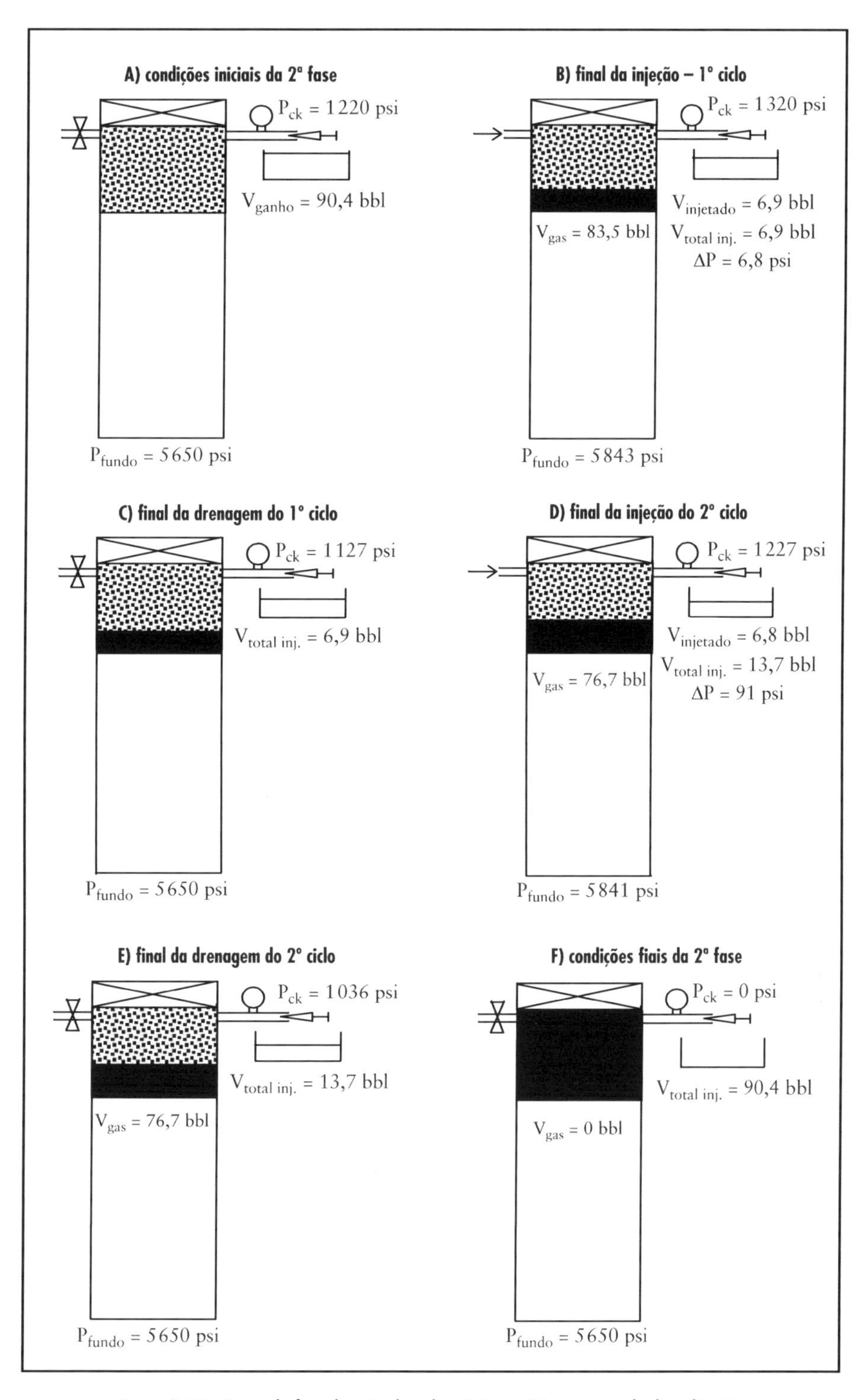

Figura 8.13 Segunda fase do método volumétrico estático – exemplo de aplicação.

2. Calcular o acréscimo de pressão no fundo do poço devido à injeção de 6,9 bbl de fluido adensado: $\Delta P = \frac{0{,}17 \cdot 18{,}2 \cdot 6{,}9}{0{,}2298} = 93$ psi. O aumento total da pressão no fundo do poço será de 193 psi (100 psi da compressão do fluido no poço e 93 psi de hidrostática originada pelo fluido adensado). A nova pressão existente no fundo do poço será 5 843 psi.
3. Permitir a segregação da lama adensada e drenar gás pelo *choke* até que a pressão caia para $P_{ck} - \Delta P$, ou seja, 1 220 – 93 = 1 127 psi. Notar que a pressão no fundo do poço cairá de 5 843 psi para 5 650 psi (redução de 193 psi).
4. Injetar pela linha de matar fluido adensado até que a pressão no *choke* suba para 1 227 psi. Registrar o volume injetado (neste exemplo, foi de 6,8 bbl).
5. Calcular o acréscimo de pressão no fundo do poço devido à injeção dos 6,8 bbl de fluido adensado: $\Delta P = \frac{0{,}17 \cdot 18{,}2 \cdot 6{,}8}{0{,}2298} = 91$ psi. A pressão no fundo do poço subirá de 191 psi, ou seja, passará a ser igual a 5 841 psi (redução de 191 psi no fundo do poço).
6. Permitir a segregação da lama adensada e drenar gás pelo choke até a pressão cair para $P_{ck} - \Delta P$, ou seja, 1 127 – 91 = 1 036 psi. A pressão no fundo do poço voltará a ser 5 650 psi.

Conforme observado na Figura 8.13, quando o gás é totalmente substituído por um fluido de perfuração com massa específica suficientemente alta para amortecer o poço, a pressão lida no manômetro do *choke* será zero.

Método Volumétrico Dinâmico

Para o caso de águas profundas recomenda-se utilizar o método volumétrico dinâmico quando não é possível a circulação através da coluna de perfuração. Uma forte razão para a não utilização do método volumétrico estático em águas profundas é a possibilidade de formação de hidratos no **BOP** e nas linhas de *choke* e de matar.

O método consiste em circular o fluido de perfuração original pela linha de matar, **BOP** submarino e retorno pela linha do *choke* enquanto o *kick* migra para a superfície em decorrência da segregação gravitacional (ver Figura 8.14). Durante essa circulação, o aumento do volume de lama nos tanques, causado pela expansão do gás durante a fase de migração, e, posteriormente, a diminuição desse volume quando o *kick* é produzido devem ser monitorados bem como a pressão de bombeio.

O método utiliza o seguinte procedimento operacional:

1. Após o fechamento do poço, devido ao *kick*, registrar o ganho de lama inicial (G_i) e a **SICP**. A perda de carga por fricção na linha de matar (ΔP_{kl}), que é igual à da linha do *choke*, deve ser registrada previamente a 150 gpm.
2. Determinar a redução de pressão hidrostática no fundo do poço, devido à drenagem de um barril de lama (α) em psi/bbl, por meio da equação:

$$\alpha = \frac{0{,}17 \cdot \rho_m}{0{,}2298} \qquad (8.4)$$

onde ρ_m é a massa específica da lama em lb/gal e C é a capacidade do anular ou do revestimento em bbl/m. Esse parâmetro também representa o aumento de pressão hidrostática no fundo do poço, quando um barril de fluido substitui um barril de gás no poço.

3. Traçar em um gráfico de pressão de bombeio, em função do ganho de lama, uma reta com inclinação α e passando pelo ponto (G_i, **SICP**), conforme o gráfico mostrado na Figura 8.15. Traçar então a reta de trabalho que é uma reta paralela que inclui margem de segurança de 100 psi e as perdas de cargas na linha de matar (ΔP_{kl}).
4. Iniciar a circulação a 150 gpm pela linha de matar com retorno pela linha do *choke* com a pressão inicial de circulação (PIC_{kl}) igual a: $PIC_{kl} = SICP + 100 + \Delta P_{kl}$. A pressão inicial no *choke* (P_{ck}) será: $P_{ck} = SICP + 100 - \Delta P_{kl}$.

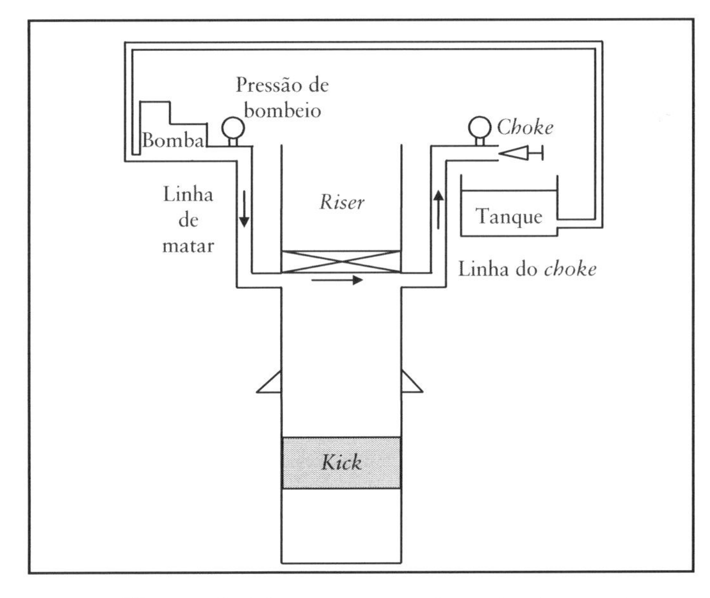

Figura 8.14 Implementação do método volumétrico dinâmico.

5. Observando a pressão de bombeio, ajustar o *choke*, de forma que essa pressão acompanhe a reta de trabalho estabelecida no gráfico. Na fase da migração do gás, o acompanhamento é no sentido da esquerda para a direita, enquanto que na produção do *kick* o sentido é o inverso. Em condições de controle perfeito, quando todo o gás estiver fora do sistema, o ganho de lama será nulo.
6. Retirar o gás aprisionado abaixo da gaveta de *hang-off* e substituir o fluido no *riser* e nas linhas de *choke* e de matar por um fluido com massa específica suficiente para matar o poço. Abrir o poço para a descida da coluna (caso ela não esteja no poço) ou retirada da coluna, sempre checando quanto à possibilidade de fluxo.

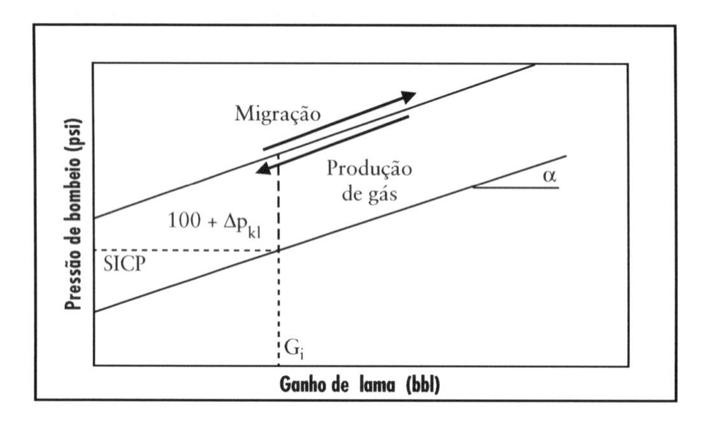

Figura 8.15 Gráfico de acompanhamento do método volumétrico dinâmico.

Exemplo de aplicação:

Traçar o gráfico de acompanhamento do método volumétrico dinâmico para as seguintes condições de perfuração:

Perda de carga na linha de matar:	150 psi
Capacidade do poço:	0,2298 bbl/m
Massa específica do fluido de perfuração:	11 lb/gal
SICP:	500 psi
Volume ganho:	25 bbl

Solução:

A redução de hidrostática, no fundo do poço, devida à drenagem de um barril de lama em psi/bbl é:

$$\alpha = \frac{0{,}17 \cdot 11{,}0}{0{,}2298} = 8{,}14 \text{ psi/bbl.}$$

A pressão inicial de circulação pela linha de matar pode ser calculada por:

$$PIC_{kl} = 500 + 100 + 150 = 750 \text{ psi.}$$

Neste instante, a pressão no *choke* será:

$$P_{ck} = 500 + 100 - 150 = 450 \text{ psi.}$$

A Figura 8.16 mostra o gráfico de acompanhamento da pressão de circulação pela linha de matar. A pressão no manômetro do *choke* também é mostrada na figura, porém ela só tem validade até o instante no qual o gás entra na linha do *choke*.

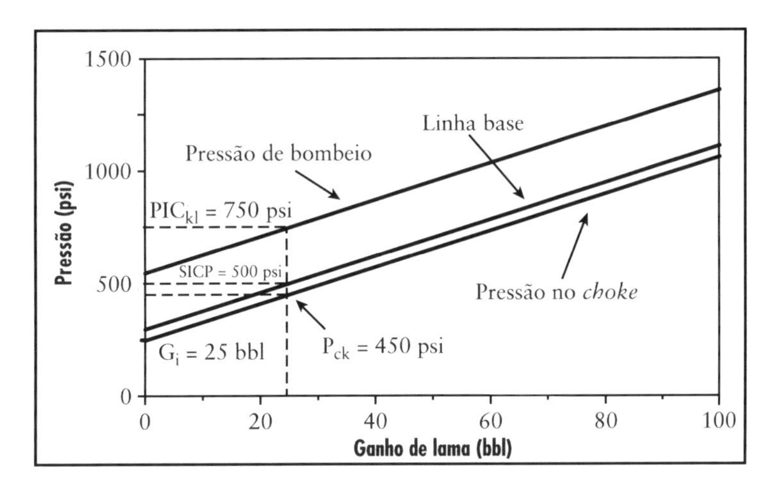

Figura 8.16 Método volumétrico dinâmico – exemplo de aplicação.

Métodos não convencionais de controle de poço

Nessa seção serão vistos três métodos de controle de poço que são utilizados em situações especiais: baixa pressão no *choke* (*low choke pressure*), *bullheading* e *stripping*. Nos dois primeiros métodos, a pressão no fundo do poço não é mantida constante durante a implementação deles. No terceiro, tentativas são feitas para manter a pressão no fundo do poço aproximadamente constante, porém dificilmente isto é conseguido na prática.

Método da baixa pressão no *choke* (*low choke pressure method*)

Conforme visto no Capítulo 5, esse método é utilizado quando a pressão no manômetro do *choke* é excessiva e tende a ultrapassar a máxima pressão permissível naquele manômetro definida no Capítulo 7. Isso normalmente ocorre quando o volume de gás no poço é grande. O método consiste em circular o influxo na máxima vazão possível, enquanto a máxima pressão permissível no *choke* (**Pmax**) é mantida naquele manômetro. Se possível, a massa específica do fluido de perfuração poderá ser aumentada.

Utilizando esse método, a pressão no fundo do poço cairá, e mais volume de *kick* será produzido. Entretanto, esse volume será menor que o original e, após algumas circulações, o controle convencional do poço pode ser restabelecido. As chances de sucesso aumentam se o influxo é de óleo ou água ou se o *kick* provém de uma formação fechada (baixa permeabilidade). Na aplicação do método, é preciso que a sonda possua um sistema de separação de gás do fluido de perfuração bastante eficiente.

A aplicação desse método em águas profundas deve ser feita com cautela, pois as perdas de carga por fricção na linha do *choke* podem ser elevadas em decorrência do aumento da vazão. Uma alternativa seria circular o *kick* nessa nova vazão, utilizando ambas as linhas do *choke* e de matar ligadas em paralelo.

Bullheading

A operação de *bullheading* consiste em deslocar ou injetar a mistura de fluido de perfuração e influxo na formação exposta mais fraca no poço. Essa operação é empregada, em muitos casos, como o último recurso disponível, pois, em algumas situações, ela pode criar ou agravar um *underground blowout* ou causar um *blowout* em volta do revestimento.

Essa operação pode ser considerada para uso nas seguintes situações: (a) *kick* de H_2S; (b) circulação normal não é possível (jatos da broca entupidos, coluna fora do fundo do poço, partida ou fora do poço, falta de material para preparo do fluido de perfuração, defeito de equipamento etc.); (c) volume de gás elevado no poço (dificuldade para ser processado pelo separador e geração de pressões altas no *choke*); e (d) combinação de *kick* e perda de circulação.

O sucesso da operação aumenta se forem observadas as seguintes considerações: (a) as limitações de pressão da bomba, de ESCP e de revestimento devem ser sempre lembradas e observadas; (b) o início da operação deve acontecer o mais cedo possível; (c) a vazão de bombeio deve ser alta o suficiente para vencer a velocidade de migração do gás (se a pressão de bombeio aumenta ao invés de reduzir, pode ser um indicativo de que a vazão não é suficiente para deslocar o gás para a formação que está aceitando o fluxo); e (d) é recomendável a instalação de uma *check valve* entre o poço e a bomba.

Stripping

Essa operação consiste em se movimentar a coluna de perfuração com o preventor fechado objetivando a sua descida até o fundo ou até o ponto mais profundo possível no poço e a circulação do fluido de perfuração para remoção do *kick* e amortecimento do poço. A operação é realizada preferencialmente por meio do **BOP** anular, porém pode também ser feita com a utilização da **BOP** do tipo gaveta. Quando a pressão no interior do poço é grande a ponto de impedir a descida da coluna de perfuração por gravidade, ela poderá ser forçada a se movimentar para baixo por meio de equipamentos especiais a serem deslocados para a locação, uma vez que eles não são disponíveis em uma sonda convencional. Essa operação recebe o nome de *snubbing*.

Como regra geral, a operação de *stripping* por meio do **BOP** anular deve ser realizada apenas quando a pressão nesse preventor é de 50% da sua pressão de trabalho. Para valores maiores de pressão, a operação de *stripping* pode ainda ser realizada utilizando-se o **BOP** do tipo gaveta. A operação de *stripping* é preferida a outras técnicas de controle não convencionais porque é relativamente simples e rápido. Entretanto, a equipe da sonda deve estar preparada para executá-la de uma maneira segura e eficiente. Nesse sentido, são recomendados treinamentos práticos de simulação dessa operação (*stripping drills*) na própria sonda.

As principais dificuldades encontradas durante a implementação da operação de *stripping* são as seguintes:

1. Aumento de pressão no *choke*, devido à descida da coluna de perfuração no poço fechado.
2. Aumento da pressão no *choke*, quando a broca entrar no *kick*.
3. Migração do gás durante a operação.
4. Desgaste da borracha do **BOP**.

O procedimento operacional a ser seguido durante uma operação de *stripping* pode ser resumido nos seguintes passos:

1. Após o registro da pressão de fechamento no *choke* (**SICP**) e da determinação do volume do *kick* (V_k), calcular a seguinte pressão a ser monitorada no *choke*:

$$P_{choke} = SICP + \Delta P_{seg} + 50 \tag{8.5}$$

onde ΔP_{seg} é o aumento da pressão no *choke* quando a broca entrar no *kick*. Esse valor pode ser estimado por meio da seguinte equação:

$$\Delta P_{seg} = 0{,}17 \cdot (\rho_m - \rho_k) \cdot V_k \left(\frac{1}{C_{poço\text{-}DC}} \cdot \frac{1}{C_{poço}} \right) \quad (8.6)$$

2. Iniciar o *stripping*. Permitir que a pressão suba até o valor calculado no Passo 1 mantendo o *choke* fechado.
3. Quando essa pressão é atingida, abrir o *choke* e drenar o fluido de perfuração mantendo a pressão no *choke* constante enquanto a coluna é descida no poço. Medir o volume de fluido drenado que deverá ser aproximadamente igual ao volume de tubulação (considerando a extremidade fechada) descido no poço.
4. Prosseguir a operação até que a broca chegue ao fundo do poço, ou que o gás chegue à superfície, ou que, por algum motivo, o *stripping* não possa ser continuado.

Se, no Passo 3, apresentado aqui, o volume medido de fluido drenado for maior que o volume de tubulação descido no poço (mantendo-se a pressão constante no *choke*), a pressão no fundo do poço poderá estar caindo em decorrência da expansão do gás durante o processo de migração. Nesse caso, o método volumétrico poderá ser utilizado com o *stripping* da seguinte maneira:

1. Continuar a descida da coluna até que o volume de fluido drenado exceda o volume de tubulação descido no poço de V_m calculado pela equação apresentada na seção referente ao método volumétrico, ou seja:

$$V_m = \frac{294 \cdot C}{\rho_m}$$

2. Nesse instante, fechar o *choke* porém continuando com a operação de *stripping* e permitir que a pressão no *choke* suba de 50 psi, sem drenagem.
3. Repetir esses dois passos sempre que necessário.

Os seguintes pontos devem ser observados para o sucesso de uma operação de *stripping*:

1. Instalar um *inside-BOP* acima de uma válvula de segurança da coluna de perfuração que deverá estar aberta antes da descida da coluna de perfuração. Manter sempre uma válvula de segurança adicional na plataforma, durante a operação de *stripping*.
2. Em **ESCP**'s de superfície, colocar um fluido lubrificante no topo do **BOP** anular para reduzir o atrito da coluna com a borracha do preventor. Remover todos os protetores de revestimento e descer apenas seções com *tool joints* lisos.
3. Utilizar uma pressão de fechamento no **BOP** anular que cause um pequeno vazamento entre o tubo e a borracha do preventor no intuito de preservá-

-la. Não exceder 0,6 m/s durante a descida da coluna e reduzi-la quando o *tool joint* passar pela borracha. Reduzir também, nesse instante, a pressão de fechamento do anular, para evitar desgaste excessivo da borracha.

4. Medir e registrar os volumes de fluido drenados do poço com a utilização do tanque de manobra (ou tanque de *stripping* se disponível).
5. Encher a coluna a cada cinco seções descidas.
6. Manter observação constante no *flow line* para que, no caso de um vazamento do preventor anular o **BOP** gaveta, este possa ser prontamente fechado. Em **ESCP**´s submarinos, observar sempre o retorno de fluido através do *riser* de perfuração e levar em consideração o efeito do *heave* da embarcação.
7. Traçar um gráfico da pressão no *choke* em função do número de seções descidas para determinar os instantes em que a broca entra no *kick* e posteriormente em que o gás atinge a linha do *choke*. Estes pontos são identificados por mudanças significativas na inclinação do gráfico gerado.
8. É recomendável realizar um *stripping drill* quando uma formação de alta pressão está para ser perfurada.

EXERCÍCIOS

8.1) Observando-se o gráfico de comportamento de pressões durante a circulação de um *kick* em uma sonda com ESCP de superfície, escrever abaixo o significado de cada curva e cada ponto:

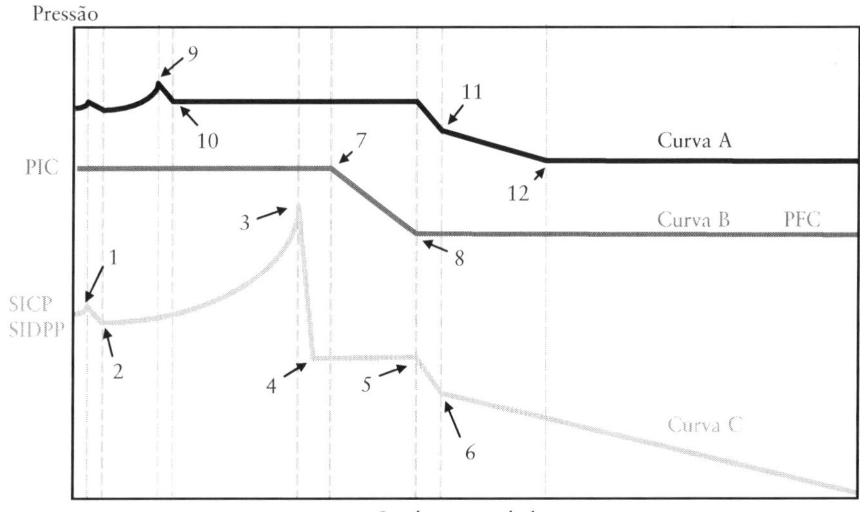

A	
B	
C	
1	
2	
3	
4	
5	

6	
7	
8	
9	
10	
11	
12	

8.2) Observando-se o gráfico de comportamento de pressões durante a circulação de um *kick* em uma unidade flutuante, escrever abaixo o significado de cada curva e cada ponto:

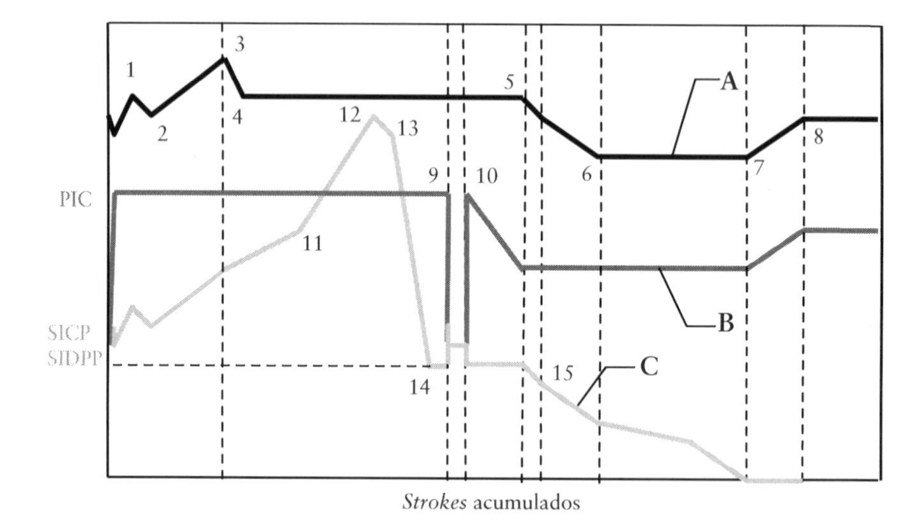

A	
B	
C	
1	
2	
3	
4	
5	
6	

7	
8	
9	
10	
11	
12	
13	
14	
15	

8.3) Um *kick* tomado em águas profundas apresentou as seguintes características:

Profundidade do poço:	3 500 metros
Profundidade da sapata:	2 500 metros
Profundidade d'água:	1 000 metros
Massa específica do fluido de perfuração:	10 lb/gal
Massa específica equivalente à fratura na sapata:	12,5 lb/gal
Pressão reduzida de perfuração:	700 psi
Perda de carga na linha do *choke*:	150 psi
Perda de carga no anular revestido:	50 psi
SIDPP:	350 psi

a) Determinar a pressão atuante na sapata ao final da segunda circulação considerando o *choke* todo aberto.

b) Determinar a máxima pressão de bombeio ao final da segunda circulação para que não haja fratura na sapata.

c) Estimar a pressão lida no manômetro da linha de matar após o fechamento do *choke* e retirada da bomba ao término da segunda circulação. Supor que 200 psi ficaram confinados no poço após o fechamento do *choke*.

8.4) Calcular a pressão no *choke* após sete barris de fluido de perfuração terem sido drenados do poço durante a implementação do método volumétrico estático. Considerar o **SICP** como 800 psi, a massa específica de fluido de perfuração como 9,5 lb/gal e a capacidade do anular como 0,15 bbl/m.

8.5) Determinar a pressão a ser mantida do constante no *choke* durante a descida da coluna de perfuração, durante uma operação de *stripping*, e o máximo volume de fluido drenado que pode exceder o volume de tubulação descido no poço, antes do fechamento do *choke* e do prosseguimento da operação de *stripping* para elevar a pressão no fundo do poço de 50 psi. Utilizar os seguintes dados:

SICP:	450 psi
Volume do *kick*:	15 bbl
Massa específica da lama:	15,0 lb/gal
Massa específica do *kick*:	2,0 lb/gal
Capacidade do anular poço–comandos:	0,1059 bbl/m
Capacidade do anular poço–tubos:	0,1507 bbl/m
Capacidade do poço:	0,2305 bbl/m

9

CAPÍTULO

PROCEDIMENTOS OPERACIONAIS DE SEGURANÇA DE POÇO

Neste capítulo, serão mostrados alguns dos mais importantes procedimentos preventivos de segurança de poço, compilados de normas de segurança de poço em utilização.

PROCEDIMENTOS DE CARÁTER GERAL

1. Elaborar um programa do poço contendo informações sobre as formações geológicas a serem perfuradas, as curvas de pressão de poros e de fratura, as propriedades recomendadas do fluido de perfuração e possibilidade de formação de hidratos. O conceito de tolerância de *kicks* deverá ser considerado no projeto do poço.
2. Exigir que os integrantes das equipes operacionais das sondas possuam certificação válida em controle de poço emitida pelo programa **WellCAP** do **IADC** ou **IWCF**. Submeter periodicamente esses profissionais a testes práticos para detecção de um *kick* e fechamento do poço (*drills*). Essas duas exigências estão tratadas no Capítulo 15.
3. Inspecionar e testar os equipamentos de segurança de poço segundo o programa de testes predeterminado e garantir bom funcionamento da

unidade acumuladora/acionadora. Colocar em local de fácil observação um quadro contendo instruções sobre o fechamento do poço e máximas pressões permissíveis no *choke* e outro contendo a configuração e as dimensões do conjunto BOP.

4. Preparar e divulgar um plano de ações a ser executado no caso da ocorrência de um *kick*. Certificar-se de que os elementos envolvidos nas operações de controle de poço estão cientes de suas funções e responsabilidades e que os equipamentos de segurança do poço estão operando satisfatoriamente.

Na perfuração

1. Manter a planilha de informações prévias atualizada. Conforme visto no Capítulo 7, isso inclui os cálculos e/ou registros da pressão reduzida de circulação, das perdas de carga nas linhas do *choke* e de matar (sondas flutuantes), das pressões máximas no *choke*, do volume de lama total no sistema, do deslocamento volumétrico e eficiência das bombas e da configuração do poço.
2. Manter a linha verde sempre na sua condição de operação, isto é, todas as válvulas do *choke manifold* abertas exceto a HCR (ESCP de superfície) e as válvulas submarinas (unidades flutuantes) e o *choke*.
3. Ajustar os alarmes dos indicadores do nível dos tanques e do fluxo de retorno do poço.
4. Manter um componente da equipe da sonda junto às peneiras, monitorando as principais propriedades do fluido (massa específica e viscosidade) e comunicando de imediato ao sondador anormalidades verificadas tais como o aumento do fluxo de retorno e corte de gás ou óleo do fluido de perfuração.
5. Circular, uma vez por dia, as linhas de *choke* e de matar para evitar seu entupimento nas sondas flutuantes. Utilizar nessa circulação o mesmo fluido que está no poço.
6. Fazer *flow check* preventivo em todas as conexões, quando se estiver perfurando uma zona potencialmente produtora. Em unidades flutuantes, fechar o BOP e registrar pressões de fechamento quando o *flow check* não for conclusivo em virtude dos movimentos da embarcação.

Na manobra

1. Manter na plataforma da sonda a válvula de segurança da coluna de perfuração com as roscas lubrificadas. Manter também, na plataforma, os substitutos que poderão ser usados durante a manobra da coluna.
2. Condicionar o fluido de perfuração para minimizar os riscos de pistoneio durante a retirada da coluna.

3. Encher o tanque de manobra e verificar a adequação da escala. Acompanhar a retirada da coluna por meio do programa de enchimento do poço e utilizando o tanque de manobra. Utilizar, para esse fim, a planilha de manobra (*trip sheet*) na qual cada manobra é comparada com a anterior com o objetivo de detectar comportamento anômalo. Atentar para o enchimento do tanque de manobra.
4. Verificar, por meio da realização de um *flow check* preventivo, se o poço está estável, antes de iniciar a manobra. Em situações em que há duvidas sobre a pressão de poros, é recomendável fazer uma manobra curta (dez seções) e circular um *bottoms-up*.
5. Retirar a coluna com velocidade compatível com a margem de segurança de manobra adotada. Caso seja observado pistoneio, descer a coluna até o fundo do poço e circular um *bottoms-up* para remoção de uma possível lama contaminada.
5. Efetuar um *flow check* preventivo antes de os comandos passarem pelo **BOP**. Ter cuidado quando o **BHA** passar em frente ao **BOP** para evitar danos nos seus elementos vedantes.
6. Em sondas flutuantes, manter aberta a gaveta cisalhante após a passagem da broca pelo **BOP**, pois existe a possibilidade de dano a essa gaveta no caso da queda da coluna de perfuração. Assim, deve-se observar atentamente o retorno de fluido pelo *riser* e só se deve fechar a gaveta cisalhante no caso da comprovação de que o poço está em *kick*. Em sondas com **ESCP** de superfície, após a broca passar pela mesa rotativa, fechar o poço pela gaveta cega ou cisalhante e observar se há crescimento de pressão no manômetro do *choke*.
7. Antes de iniciar a descida da coluna de perfuração, esvaziar o tanque de manobra e observar a adequação da escala. Acompanhar a descida da coluna, utilizando o tanque de manobra e a planilha de manobra.

Na descida de coluna de revestimento

1. Inserir na planilha de informações prévias os dados relativos à coluna de revestimento que está sendo descida no poço.
2. Em sondas com **ESCP** de superfície, antes da descida da coluna de revestimento, deve-se trocar a gaveta cega ou cisalhante por gaveta vazada compatível com o tubo de revestimento a ser descido, testando-a com pressão.
3. Descer a coluna de revestimento com velocidade compatível com a pressão de fratura da formação mais fraca exposta no poço para evitar problemas causados pelo surgimento de pressões ("*surge*").
4. Em sondas flutuantes, fazer um *flow check* preventivo antes de a coluna de revestimento passar pelo **BOP**. Permanecer o menor tempo possível com a coluna de revestimento à frente do **BOP**.

10 CAPÍTULO

CONTROLE DE POÇO EM SITUAÇÕES ESPECIAIS

Complicações durante as operações de segurança de poço poderão requerer procedimentos específicos e não convencionais de controle. Este capítulo apresenta as complicações mais comuns, como elas podem ser identificadas e as soluções mais frequentemente adotadas para saná-las. Se o problema ocorre durante a circulação do *kick*, as ações normalmente tomadas são as seguintes: parar a bomba, fechar o *choke* para manter o poço fechado, avaliar o problema e implementar a solução. Os problemas mais comuns que ocorrem durante a circulação do *kick* se manifestam por meio de alterações das pressões de bombeio e do *choke* e em alterações na vazão de retorno.

Os problemas que, normalmente, ocorrem com o equipamento de controle de poço na superfície são apresentados a seguir.

Problemas no *choke* ou no *choke manifold*

Os cascalhos trazidos pelo fluido de perfuração podem entupir o *choke,* causando um aumento brusco nas pressões lidas nos manômetros do tubo bengala e do *choke*. A bomba de lama deverá ser desligada e o *choke* manipulado em uma tentativa de o desentupir. Caso esse procedimento não solucione o problema, o fluxo deverá ser direcionado para um *choke* reserva.

O *choke* também pode sofrer um processo de desgaste em virtude da natureza abrasiva dos sólidos e do gás trazidos pelo fluido de perfuração. Nesse caso, as pressões nos manômetros do tubo bengala e *do choke* cairão e não responderão a ajustes feitos na abertura do *choke*. A bomba deverá ser parada e uma válvula do *choke manifold*, a montante do *choke*, deverá ser fechada para interromper completamente o fluxo vindo do espaço anular. O fluxo deverá, então, ser direcionado para o *choke* reserva. Algumas vezes o vazamento ocorre no *choke manifold*. Caso o fluxo não possa ser direcionado para outro ramo do *manifold*, o poço deverá ser mantido fechado, porém com a pressão monitorada a aumentos devidos à migração do gás, enquanto esse equipamento é reparado. Em algumas situações, todo o conjunto do *choke manifold* poderá ser substituído.

Problemas com a bomba de lama

Defeitos na bomba são evidenciados por vibrações na mangueira de lama, comportamento errático da pressão de bombeio, batidas hidráulicas na bomba ou redução gradual da pressão de bombeio. A bomba deve ser parada e o *choke* fechado para o alinhamento da bomba reserva. A bomba defeituosa deverá ser reparada de imediato. Se as características das bombas forem diferentes, sugere-se, no momento da colocação da bomba reserva em funcionamento, manter a pressão no manômetro do *choke* constante (ESCP de superfície) ou no manômetro da linha de matar (ESCP submarino) e levar a bomba para a velocidade reduzida de circulação. Após essa operação, a pressão registrada no manômetro do tubo bengala será a nova PIC. Alternativamente, pode-se levar a bomba para uma velocidade que produza uma pressão de bombeio igual à PIC que vinha sendo utilizada antes da falha da bomba principal. Caso os deslocamentos volumétricos das duas bombas sejam diferentes, haverá a necessidade da correção do número de *strokes* para circular o espaço anular e o interior da coluna de perfuração. Caso ambas as bombas apresentem problemas e o poço não possa ser circulado, utilizar o método volumétrico enquanto as bombas são reparadas.

Vazamentos no BOP

Vazamentos normalmente ocorrem nos flanges do conjunto de BOPs e nas gavetas do BOP do tipo gaveta e borracha do BOP anular. Estes vazamentos são mais difíceis de serem detectados em BOP submarinos. Fluxo no interior do *riser* após o fechamento do poço pode ser provocado por vazamento pelo BOP anular superior. Nesse caso, o anular inferior deverá ser fechado. Se o vazamento é observado em uma conexão do conjunto de BOPs, uma gaveta posicionada abaixo do vazamento poderá ser utilizada. Em alguns casos, o fechamento do BOP não é efetuado devido a vazamento do fluido utilizado pelo sistema de acionamento e controle dos BOPs. Assim, o local do vazamento deverá ser identificado e a função correspondente isolada do sistema para reparo posterior.

Em **BOPs** de superfície, os vazamentos são mais fáceis de serem identificados e corrigidos. Vazamentos entre os flanges poderão ser reduzidos ou mesmo corrigidos por meio do aperto dos parafusos de fixação. Vazamentos através dos suspiros do **BOP** tipo gaveta poderão ser corrigidos utilizando a vedação secundária.

Problemas no separador atmosférico

Um problema que pode ocorre durante a circulação de um *kick* é a vazão de gás proveniente do poço ser maior que a capacidade de processamento do separador. Nessa situação, a pressão no interior do separador aumentará e o selo hidráulico existente na parte inferior do separador poderá ser perdido (ou seja, a pressão no interior do separador causará o deslocamento do fluido de perfuração do sifão fazendo com que o gás entre no sistema de circulação do fluido de perfuração). Uma solução para o problema é a redução de vazão de circulação. Outra seria o direcionamento do fluxo para o queimador, porém com a consequente perda de fluido de perfuração. No caso de falha mecânica do separador (furo, por exemplo) a solução seria também o direcionamento do fluxo para o queimador.

Serão abordados agora os problemas que ocorrem no interior do poço. Os mais comuns são apresentados a seguir.

Problemas na broca

Um problema que ocorre com frequência é o entupimento parcial dos jatos da broca, principalmente se materiais contra perda de circulação são utilizados no fluido de perfuração. Ele é percebido por um brusco aumento da pressão de bombeio, sem um aumento correspondente no manômetro do *choke*. Normalmente, continua-se com a circulação na nova pressão de bombeio (nova **PIC**) sem a necessidade de parar a bomba e fechar o *choke*. A equipe de perfuração, entretanto, deve reconhecer que o jato entupiu, pois, se o *choke* for aberto para compensar o aumento de pressão, corre-se o risco da produção de um influxo adicional. Deve-se também atentar para um possível desentupimento de jato, que causará uma brusca redução da pressão de bombeio.

Se o entupimento for total, a pressão de bombeio irá subir constantemente e não haverá retorno de fluido de perfuração no espaço anular. Constatada essa situação, a bomba deverá ser parada de imediato e o *choke* fechado. Durante o período em que o poço está fechado, dever-se-á utilizar o método volumétrico enquanto providências serão tomadas para promover a descida de uma ferramenta pelo interior da coluna para perfurá-la no ponto mais profundo possível no sentido de restabelecer a circulação.

Outro problema que pode ocorrer na broca durante a circulação de um *kick* é a queda de um de seus jatos. Isso é evidenciado por uma redução instantânea da pressão de bombeio. Normalmente, continua-se circulando na nova pressão de bombeio (nova **PIC**) sem a necessidade de parar a bomba e fechar o poço. Nessa situação, o operador não deverá restringir a abertura do *choke* para compensar a queda de pressão, pois, se assim proceder, ele elevará a pressão no interior do poço desnecessariamente.

Problemas com a coluna de perfuração

Um furo na coluna de perfuração durante a circulação de um *kick* é caracterizado por uma redução na pressão de bombeio, sem a correspondente queda de pressão no manômetro do *choke*. Se esse comportamento vem seguido da redução do peso da coluna, é muito provável que ela tenha se partido. Se for evidenciado o furo na coluna, deverão ser tomados cuidados para se evitar o seu alargamento e consequente quebra da coluna.

Normalmente, os procedimentos para controle do poço são os mesmos para as três seguintes situações: (a) coluna de perfuração furada, (b) coluna de perfuração quebrada, ou (c) broca numa profundidade intermediária no poço em uma situação em que uma operação de *stripping* não possa ser efetuada. É importante se determinar a posição do *kick* em relação ao furo, ou ao ponto de quebra ou à profundidade da broca. A posição do furo ou de quebra pode ser estimada com a circulação de um marcador. A posição em que a coluna quebrou também pode ser estimada pela redução do peso da coluna após a sua quebra.

Quando o gás estiver abaixo do furo, ponto de quebra ou broca, a pressão de fechamento na coluna (**SIDPP**) deverá ser próxima daquela lida no *choke* (**SICP**). Nesse caso, o método volumétrico deverá ser utilizado até que o gás migre para cima do furo, ponto de quebra ou broca. Quando isso ocorrer, a pressão lida no *choke* com o poço fechado se tornará maior que a lida no manômetro na coluna. A partir desse momento o gás pode ser circulado para fora do poço, utilizando-se o método do sondador. Um fluido pesado pode ser colocado no trecho do poço em que a circulação é possível, para aumentar a segurança do poço durante as operações de pescaria ou retirada da coluna. A massa específica desse fluido pode ser estimada com a utilização da Equação 7.8.

$$\rho_{nm} = \rho_m + \frac{SIDPP}{0{,}17 \cdot D_V} \tag{7.8}$$

onde D_V é a profundidade vertical do furo, da quebra ou da broca. Entretanto, o poço só é considerado amortecido quando a coluna de perfuração puder ser descida até o fundo e o poço ser circulado com um fluido de massa específica capaz de manter sob controle a formação geradora do influxo.

Pressões excessivas no poço

Em decorrência de problemas mecânicos ou erros humanos, a quantidade de gás que entra no poço antes do seu fechamento ou mesmo durante as operações para o controle do poço pode ser grande, levando a pressões excessivas no espaço anular, que podem resultar em fratura da formação ou falha mecânica do revestimento ou do ESCP. Caso o gás penetre na coluna de perfuração, a pressão no interior da coluna de perfuração também poderá tornar-se elevada, causando problemas para o bombeio com a bomba da sonda e para a integridade mecânica da cabeça de injeção e da mangueira de lama. Nesses casos, deve-se utilizar a bomba de cimentação e a válvula de segurança da coluna de perfuração, com linhas de alta pressão conectadas a ela.

Se a pressão é excessiva no *choke*, um dos seguintes procedimentos poderá ser adotado: (a) ajustar o *choke* para que a sua pressão não exceda a máxima pressão permissível na superfície (método da baixa pressão no *ckoke* ou *low choke pressure method*, já discutido); (b) manter a pressão no tubo bengala constante e permitir que a pressão lida no manômetro do *choke* suba; ou (c) manter o poço fechado e aplicar o método *bullheading*. O primeiro procedimento poderá ser de difícil execução caso o volume de gás no poço seja muito grande e os dois últimos poderão conduzir à fratura da formação ou dano mecânico ao revestimento ou ao equipamento de segurança de cabeça de poço. Caso a formação fraturada seja rasa, a fratura poderá se propagar até a superfície, com resultados, muitas vezes, catastróficos. Assim, cada situação terá uma solução particular e os padrões de controle de poço deverão ser consultados para se determinar qual é a melhor alternativa. Porém, de uma maneira geral, a seguinte estratégia poderá ser adotada:

1. o poço não deverá permanecer fechado se a pressão no *choke* estiver para exceder a resistência do revestimento ou do equipamento de segurança da cabeça do poço ou se existir a possibilidade de propagação da fratura da formação até a superfície. Neste caso deve-se usar alternativamente um dos seguintes procedimentos: (a) método de baixa pressão no *choke*, (b) bombear um tampão de fluido pesado ou de cimento, ou (c) deixar o poço fluir até que a pressão do poço caia.
2. caso não haja perigo de dano mecânico ao ESCP e propagação da fratura até a superfície, deve ser considerada a possibilidade de fratura da formação ou mesmo a utilização do método de *bullheading* lembrando-se que essas atitudes poderão resultar num *underground blowout*.

Perda de circulação

Perda de circulação é definida como a redução parcial ou total da vazão de retorno do poço, em virtude da entrada de fluido de perfuração em uma formação porosa, cavernosa ou fraturada. Durante as operações de controle de poço, pode ocorrer a fratura da formação exposta mais fraca se a sua resistência mecânica é excedida gerando assim uma situação de perda de circulação. Essa situação é evidenciada pela diminuição da vazão de retorno, proveniente do espaço anular com consequente diminuição do nível de fluido nos tanques de lama e por uma redução das pressões no interior do poço. Também, em uma situação de perda de circulação, as pressões não respondem corretamente às manipulações do *choke*. O controle do poço em situações com perda de circulação pode conduzir a um *underground blowout* ou mesmo a propagação da fratura até superfície, se a formação fraturada estiver a baixa profundidade.

Para o controle de perdas de circulação parciais durante a circulação do influxo, tem-se as seguintes opções: (a) manter os parâmetros de circulação originalmente planejados e a pressão no fundo do poço constante, se o fluido de perfuração puder ser reposto (após o gás passar pela zona de perda, o problema poderá estar solucionado); (b) adicionar material contra perda de circulação (a calcita é muito usada para esse fim por ser um material fino, o que minimiza as chances de entupimento dos jatos da broca); (c) utilizar vazões de circulação menores; e (d) aliviar a pressão no *choke*, caso a formação geradora do *kick* seja bastante fechada (essa opção só deve ser implementada se existir a certeza de que o influxo adicional será menor que o original).

Se a perda de circulação for alta, deverá manter-se o poço cheio por meio do bombeio de fluido de perfuração pelo espaço anular. Esse fluido pode conter material contra perda de circulação. Em situações críticas, emprega-se bastante uma técnica que consiste no deslocamento de um tampão de baritina para selar a formação geradora do *kick* para permitir o controle da zona com perda de circulação. O tampão de baritina é simplesmente uma mistura de água, baritina, um dispersante e soda cáustica (para controle do pH) que é deslocado para o fundo do poço, permanecendo frente à zona em *kick*. A baritina sedimenta-se rapidamente, formando uma massa impermeável que isola a formação geradora do influxo. Tampões de cimento também são utilizados para interromper o fluxo para o interior do poço, porém apresentam como desvantagens as possibilidades de corte pelo gás e de prisão da coluna de perfuração. Assim, eles devem ser utilizados apenas como uma última opção.

Coluna fora do poço

Quando o *kick* é detectado com a coluna fora do poço, a gaveta cisalhante deve ser fechada e um dos seguintes métodos de controle deve ser implementado: (a) *stripping* (para isto o peso coluna de perfuração no fluido de perfuração deve ser maior que a força para cima gerada pela pressão no poço); (b) método volumétrico dinâmico; ou (c) *bullheading*. Em unidades flutuantes, principalmente em águas profundas em que existe uma grande altura proporcionada pelo *riser* de perfuração para a circulação de um fluido pesado, a **API RP 59** (Recomendações Práticas nº 59 para Operações de Controle de Poço do **API**) sugere o seguinte procedimento operacional como alternativa de controle do poço quando não há coluna no poço:

1. Após o fechamento do poço e determinação de **SICP**, descer a broca e a coluna de tubos de perfuração até o **BOP**.
2. Verificar qual é a pressão abaixo do **BOP** e calcular a massa específica do fluido de perfuração que deve ser colocado no *riser* para amortecer o poço. Deslocar esse fluido adensado, pelo interior da coluna de perfuração, posicionando-o no interior do *riser* de perfuração.
3. Colocar o *inside-BOP*, fechar o *diverter* e abrir a gaveta cisalhante e observar o fluxo do poço. Se o poço não estiver fluindo, abrir o *diverter* e descer a coluna no poço.
4. Se o poço estiver fluindo, fechar a gaveta cisalhante e circular as linhas do *choke* e de matar e o *riser* com um fluido ainda mais pesado.
5. Descer a coluna. Parar periodicamente, fechar a gaveta de tubos e utilizar a linha de matar para circular o *riser* mantendo-o sempre cheio com fluido de perfuração de massa específica utilizada no Passo 4.

CAPÍTULO 11

TOLERÂNCIA DE *KICKS*

Tolerância de *kick* é um conceito que verifica se há ou não a fratura da formação mais fraca (normalmente presumida na sapata) durante o fechamento do poço após a detecção de um *kick*. O conceito de tolerância de *kick* é utilizado na fase de projeto do poço na determinação da profundidade de assentamento da sapata, no acompanhamento da perfuração do poço e na verificação das condições de segurança do ponto de vista da fratura da formação na ocorrência de um *kick*.

DEFINIÇÃO E DEDUÇÃO DA EQUAÇÃO

A tolerância de *kick* durante o fechamento do poço é definida como a máxima pressão de formação (expressa em termos de massa específica equivalente) tal que, ocorrendo um *kick* com determinado volume, a certa profundidade e com a lama existente, o poço poderá ser fechado sem fraturar a formação exposta mais frágil.

A sua expressão matemática pode ser facilmente derivada relacionando a pressão da formação que gera ou poderá gerar o *kick* com a pressão de fratura da formação na sapata do último revestimento descido. Assim, conforme está mostrado na Figura 11.1, a máxima pressão de poros na profundidade D está relacionada com a pressão de fratura da formação na profundidade D_{csg} pela seguinte expressão:

$$0{,}17 \cdot \rho_{kt} \cdot D = 0{,}17 \cdot \rho_f \cdot D_{csg} + 0{,}17 \cdot \rho_k \cdot H_k + 0{,}17 \cdot \rho_m \cdot (D - D_{csg} - H_k)$$

dividindo a equação por 0,17 e resolvendo-a para ρ_{kt} tem-se:

$$\rho_{kt} = \frac{D_{csg}}{D} \cdot (\rho_f - \rho_m) - \frac{H_k}{D} \cdot (\rho_m - \rho_k) + \rho_m \qquad (11.1)$$

onde:

ρ_{kt} é a tolerância de *kick*, em lb/gal;

D_{csg} é a profundidade da sapata, em metros;

D é a profundidade da formação geradora do *kick*, em metros;

ρ_f é a massa específica equivalente de fratura na sapata, em lb/gal;

ρ_m é a massa específica do fluido de perfuração, em lb/gal;

ρ_k é a massa específica do *kick*, em lb/gal;

H_k é a altura do fluido invasor, em metros.

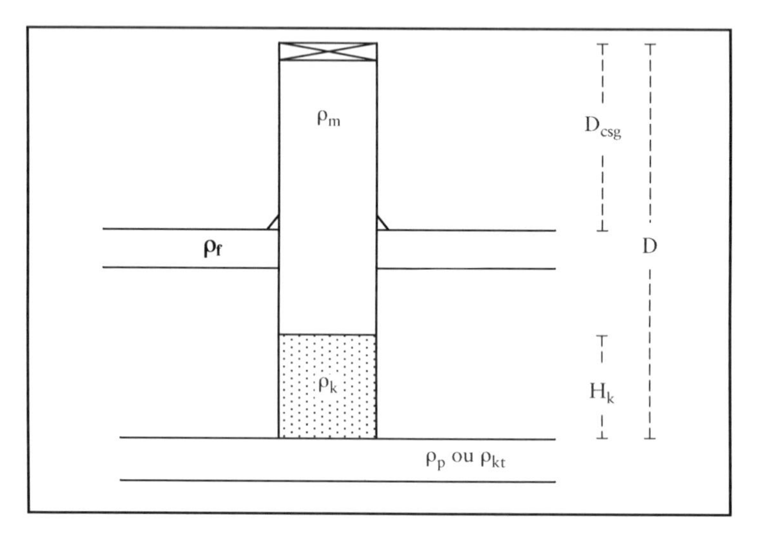

Figura 11.1 Cenário imediatamente após o fechamento do poço.

UTILIZAÇÃO DO CONCEITO NO ACOMPANHAMENTO DA PERFURAÇÃO

No acompanhamento da perfuração do poço deve-se comparar, em uma mesma profundidade, a tolerância de *kick* calculada pela fórmula mostrada aqui com a pressão de poros fornecida pela unidade de *mud logging* ou pelo LWD. A diferença entre as duas foi denominada de margem de pressão de poros, sendo expressa pela equação:

$$\Delta\rho_{kt} = \rho_{kt} - \rho_p \qquad (11.2)$$

onde ρ_p é a pressão de poros em D. Uma margem de pressão de poros menor que 0,3 lb/gal, calculada no acompanhamento do poço, pode ser considerada insegura. Em algumas situações é recomendável a descida de uma coluna de revestimento.

Exemplo de aplicação:

Determine a tolerância ao *kick* e a margem de pressão de poros para a seguinte situação: massa específica da lama – 12 lb/gal; profundidade do poço – 4 300 metros; pressão de poros a 4 300 metros – 11,5 lb/gal; profundidade da sapata – 2 200 metros; altura do *kick* – 100 metros; densidade do *kick* - 3 lb/gal; e densidade equivalente de fratura na sapata – 14 lb/gal.

Solução:

$$\rho_{kt} = \frac{2200}{4300} \cdot (14{,}0 - 12{,}0) - \frac{100}{4300} \cdot (12{,}0 - 3{,}0) + 12 = 12{,}8 \text{ lb/gal}$$

$$\Delta\rho_{kt} = 12{,}8 - 11{,}5 = 1{,}3 \text{ lb/gal}$$

Exemplo de aplicação:

Para cada um dos quatro cenários de pressões de poros de formação produtora que poderão ser encontrados, mostrados na tabela mostrada a seguir, determinar se haverá *kick*. Havendo o *kick*, determinar se o poço pode ser fechado sem fraturar a formação na sapata do revestimento. A tolerância ao *kick* calculada na profundidade da formação produtora é de 11,9 lb/gal e a massa específica do fluido utilizado é de 9,9 lb/gal.

Solução:

Cenários	**Pressão de Poros**	**Haverá *kick* (?)**	**Haverá fratura (?)**	$\Delta\rho_{kt}$
I	9,0	NÃO	NÃO	2,9
II	10,0	SIM	NÃO	1,9
III	11,0	SIM	NÃO	0,9
IV	12,0	SIM	SIM	- 0,1

EXERCÍCIOS

11.1) Determinar a máxima pressão de poros que teria a formação que gerou o *kick* com as características mostradas a seguir para que não haja fratura da formação após o fechamento do poço.

Massa específica da lama:	12 lb/gal
Profundidade do poço:	4 300 m
Profundidade da sapata:	2 200 m
Capacidade do espaço anular:	0,1 bbl/m
Volume do *kick*:	10 bbl
Massa específica do *kick*:	3 lb/gal
Massa específica equivalente de fratura na sapata:	14 lb/gal

11.2) Sabendo-se que,

Sapata do revestimento:	1 326 m
Massa específica equivalente de fratura na sapata:	13,9 lb/gal
Profundidade do poço:	2 636 m
Massa específica da lama:	10,7 lb/gal
Diâmetro do poço:	12 1/4"
Comandos:	107 m de 7 3/4" OD
Tubos de perfuração:	5"
Pressão de poros equivalente encontrada a 2 636 m:	11,7 lb/gal
Capacidade do anular poço–comandos:	0,2864 bbl/m
Capacidade do anular poço–tubos:	0,3980 bbl/m
Capacidade do poço:	0,4772 bbl/m

a) Determine se o poço pode ser fechado em condições seguras se houver um *kick* de gás (massa específica de 1 lb/gal) de 55 bbl.

b) Após o *kick* ter sido controlado, a massa específica da lama foi elevada para 12 lb/gal. Determine se, nessa situação, o poço poderá ser fechado em condições seguras caso ocorra um *kick* devido ao pistoneio na retirada da coluna de 55 bbl abaixo da broca.

11.3) Determinar a máxima profundidade segura, do ponto de vista tolerância ao *kick*, de uma fase de um poço segundo os seguintes dados:

Profundidade da sapata do último revestimento assentado:	2000 m
Pressão de fratura da sapata:	14,0 lb/gal
Massa específica do fluido de perfuração:	11,0 lb/gal
Comprimento do *kick*:	100 m
Massa específica do *kick*:	2,0 lb/gal

A massa específica equivalente de pressão de poros na área do poço é expressa pela equação: $\rho_p = 8{,}5 + 0{,}001 \cdot D$, onde D é a profundidade em metros. Utilizar o fator de segurança de 0,3 lb/gal.

12 CAPÍTULO

PARTICULARIDADES DO CONTROLE DE *KICKS* EM ÁGUAS PROFUNDAS

As considerações para o controle de *kicks* em águas profundas diferem daquelas existentes para as perfurações terrestres e em águas rasas. As principais diferenças (algumas já comentadas) são mostradas neste capítulo.

GRADIENTE DE FRATURA

Os gradientes de fratura encontrados na perfuração em águas profundas são menores. Isto se deve ao fato de que a pressão de sobrecarga é menor do que em uma locação em terra, pois parte dessa pressão é devida somente ao peso da água do mar. Este assunto foi abordado no Capítulo 2 deste livro. Uma consequência desse aspecto é o estreitamento da janela operacional (curva de pressão de poros no limite inferior e curva de pressão de fratura no limite superior) conforme é visto na Figura 12.1.

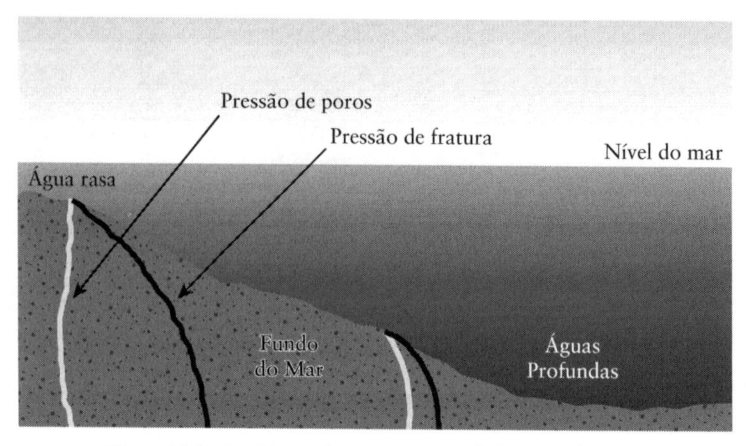

Figura 12.1 Cenário imediatamente após o fechamento do poço.

Perda de carga excessiva na linha do *choke*

Como a linha do *choke* é longa quando operando em águas profundas, as perdas de carga por fricção nessa linha (ΔP_{cl}) são grandes durante a circulação do *kick*. Obviamente, esta pressão será transmitida ao poço em que as pressões de fratura das formações são baixas, tornando, assim, o controle do poço crítico nesse cenário de perfuração. Conforme visto anteriormente, essa pressão pode ser compensada com uma maior abertura do *choke* até o instante em que o ponto de equilíbrio dinâmico é atingido. A partir desse momento, a pressão no interior poço irá subir, pois o *choke* estará todo aberto, não sendo mais possível essa compensação. Assim, deve-se ter cautela nos instantes finais da segunda circulação do método do sondador, pois a pressão atuante na formação mais fraca pode causar a sua fratura. A redução da vazão de circulação poderá ser uma possível solução operacional para o problema, se devidamente avaliada. Se a interface entre a lama velha e a adensada já estiver na linha do *choke* no momento em que o ponto de equilíbrio dinâmico é atingido, pode-se aplicar outra solução operacional, que pode ser o fechamento da gaveta inferior do ESCP submarino e a circulação de fluido adensado pela linha de matar, com retorno pela linha do *choke*.

Variações bruscas na pressão no manômetro do *choke*

Conforme visto na Figura 8.3, a perda da pressão hidrostática quando o gás entra na linha do *choke* é grande e rápida em virtude da diferença entre as áreas transversais do espaço anular e da linha do *choke*. Para manter a pressão no fundo do poço constante, o operador do *choke* deverá fechá-lo rapidamente para não provocar um influxo adicional nesse instante. Posteriormente, quando o gás é substituído pelo fluido de perfuração no interior da linha do *choke*, a pressão hidrostática no poço irá aumentar bruscamente demandando do operador uma abertura rápida do *choke* para evitar uma possível fratura de formação.

Formação de hidratos

Em virtude das baixas temperaturas e do estado de pressões no fundo do mar, a possibilidade da formação de hidratos próximo à cabeça do poço submarino está sempre presente. Hidratos são misturas sólidas de gás natural e água com aparência de gelo sujo. Os problemas associados à formação de hidratos são os seguintes: (a) entupimento das linhas do *choke* e de matar; (b) obstrução do espaço anular abaixo do **BOP**; (c) prisão da coluna, devida à formação de hidratos no *riser*, em frente ao **BOP** ou no revestimento; (d) dificuldade de abertura e fechamento das gavetas do **BOP**. Além desses problemas listados aqui, é importante notar que a dissolução do hidrato pode gerar uma alta pressão e liberar uma grande quantidade de gás (um $pé^3$ de hidrato gera 170 $pé^3$ de gás em condição normais de temperatura e pressão).

Uma maneira de minimizar a formação de hidratos em águas profundas é utilizar sistemas de fluidos de perfuração à base de polímeros com alta salinidade. Porém, se o poço tiver de permanecer fechado por um período longo, é recomendado o deslocamento de um tampão de glicol ou glicerol para a região próxima à cabeça. Por esse motivo a sonda deve possuir estoque de um desses dois inibidores químicos. Nos fluidos de óleo sintéticos, a salinidade da fase aquosa emulsificada, normalmente, fornece a inibição à formação de hidratos.

Utilização da margem de segurança do *riser*

Em sondas flutuantes, existe a possibilidade de desconexão de emergência do *riser*, principalmente se a embarcação for posicionada dinamicamente. Por esse motivo, ao peso do fluido de perfuração deve ser adicionada uma margem de segurança conhecida como margem de segurança do *riser* (**MSR**) para compensar a perda parcial de pressão hidrostática devida à remoção do *riser* em um evento de desconexão de emergência. Essa margem de segurança é estimada pelo uso da seguinte fórmula:

$$M.S.R. = \frac{D \cdot \rho_p - 8{,}5\ D_w}{D - D_w} - \rho_p \qquad (12.1)$$

onde D_w é a profundidade d'água e ρ_p é a massa específica equivalente à pressão de poros da formação.

Exemplo de aplicação:

Determine a margem de segurança do *riser* para uma profundidade d'água de 600 metros, pressão de formação equivalente a 11 lb/gal e profundidade do poço de 3 000 metros.

Solução:

$$M.S.R. = \frac{3\,000 \cdot 11 - 8{,}5\ 600}{3\,000 - 600} - 11 = 0{,}6 \text{ lb/gal}$$

Detecção de influxos

Conforme já discutido no Capítulo 4, o volume de um *kick* tomado em águas profundas deve ser o mínimo possível, pois grandes volumes podem gerar altas pressões no interior do poço, incompatíveis com os baixos gradientes de fratura existentes nesse cenário de perfuração. A presença de equipamentos de deteção de *kicks* acurados e testados regularmente na sonda e a existência de equipes de perfuração treinadas principalmente nos exercícios simulados de detecção e fechamento de poço (Capítulo 15) são necessárias para um fechamento rápido do poço logo após a sua detecção.

Remoção do gás aprisionado abaixo do BOP

Após a circulação do *kick* para fora poço, poderá haver gás acumulado abaixo do **BOP**. Apesar de esse volume ser pequeno, pois é fechada a gaveta vazada mais próxima da saída da linha do *choke*, quando esse gás migra no interior do *riser* após a abertura do **BOP**, ele irá se expandir bastante podendo causar novo influxo ou acidentes na superfície. Esse gás deve ser retirado antes da abertura do **BOP**. A remoção desse gás aprisionado deve ser feita circulando-se o fluido de matar pela linha de matar com retorno pela linha do *choke*. Deve-se notar que, nesse procedimento, o fluido de perfuração original é substituído pelo fluido novo, no interior do *riser* e nas linhas de *choke* e de matar. Para evitar a formação de hidratos no **BOP**, recomenda-se não utilizar o procedimento de circulação de água do mar para produzir o efeito do tubo em "U". O procedimento básico é composto dos seguintes passos:

1. Após a circulação do *kick*, fechar a gaveta inferior mantendo fechado o elemento utilizado durante a circulação.
2. Direcionar *o choke manifold* para a linha de gás do queimador.
3. Abrir o *choke* e válvulas submarinas caso elas estejam fechadas.

4. Circular a lama de matar pela linha de matar com retorno pela linha do *choke*, até a saída completa do gás.
5. Parar a bomba e abrir a gaveta utilizada no controle de *kick* após desfazer o *hang-off*.
6. Abrir o **BOP** anular e fechar as válvulas submarinas da linha do *choke*.
7. Circular, bombeando pela linha de matar e com retorno pelo *riser*, a lama usada para matar o poço, até o seu retorno à superfície.
8. Parar a bomba e fechar as válvulas da linha de matar.
9. Fechar o *choke*.
10. Abrir as válvulas submarinas, abaixo da gaveta inferior que está fechando o poço.
11. Registrar as pressões SICP e SIDPP. Se não forem zero, reiniciar o controle do *kick*. Se forem zero, abrir a gaveta inferior e o *diverter*. Fechar as válvulas submarinas e circular para homogeneizar a lama.

Gás no *riser* após o fechamento do BOP

Existe a possibilidade de haver gás no *riser* após o fechamento do **BOP** principalmente em águas profundas onde existem formações com gás a baixas profundidades. Nesses casos, o gás representa um perigo potencial, pois ele poderá migrar e se expandir rapidamente, próximo à superfície, causando acidentes na embarcação e possível colapso do *riser*. Assim, o *flow line* deve ser monitorado após o fechamento do **BOP**. Em caso de detecção de gás no *riser*, o *diverter* deve ser fechado e o *riser* circulado se possível com uma alta vazão. A circulação poderá ser feita por meio de uma *booster line*, se ela estiver disponível na sonda, ou por meio da linha do *choke* ou de matar, com saída acima da gaveta do **BOP** que está fechada.

Espaçamento para fechamento do poço e *hang-off*

Em águas profundas, o processo de espaçamento para evitar que o *tool joint* fique próximo da gaveta a ser fechada é mais difícil em virtude do maior número de tubos de perfuração a ser considerado. O procedimento para *hang-off* discutido no Capítulo VI deve ser executado para reduzir o desgaste no BOP anular e manter o poço pronto para uma possível desconexão de emergência.

EXERCÍCIOS

12.1) Os dados mostrados a seguir representam as condições encontradas durante um *kick* tomado em uma sonda terrestre:

Pressão máxima no *choke* do ponto de vista da sapata (estática):	1 959 psi
Pressão máxima no *choke* do ponto de vista do equipamento (estática):	5 064 psi
SICP:	655 psi
SIDPP:	525 psi
Volume ganho:	10,4 bbl
Capacidade do espaço anular no fundo do poço:	0,1050 bbl/m
Massa específica do fluido de perfuração:	9,6 lb/gal
Volume de fluido de perfuração a ser adensado:	1 547 bbl
Massa específica equivalente de fratura na sapata:	15,0 lb/gal
Profundidade na qual o *kick* foi tomado:	3 049 m
Profundidade da sapata:	2 134 m
Pressão reduzida de circulação:	266 psi

Determine:

a) O tipo de *kick*.

b) A tolerância de *kick* e a margem de pressão de poros.

c) O volume de baritina requerido para aumentar a massa específica do fluido de perfuração.

d) As máximas pressões dinâmicas na superfície.

e) As pressões de circulação.

12.2) Os dados mostrados a seguir representam as condições encontradas durante um *kick* tomado em águas profundas. Os dados de pressões no sistema estão mostrados no quadro abaixo.

Pressão máxima no *choke* do ponto de vista da sapata (estática):	860 psi
Pressão máxima no *choke* do ponto de vista do equipamento (estática):	2 260 psi
SICP:	620 psi
SIDPP:	580 psi
Volume ganho:	10 bbl
Capacidade do espaço anular no fundo do poço:	0,2738 bbl/m

Massa específica do fluido de perfuração:	9,9 lb/gal
Volume de fluido de perfuração a ser adensado:	3 360 bbl
Massa específica equivalente de fratura na sapata:	12,7 lb/gal
Profundidade na qual o *kick* foi tomado:	3 049 m
Profundidade da sapata:	1 800 m
Lâmina d'água:	1 000 m
Vazão reduzida de circulação:	150 gpm
PRC pelo *riser*:	380 psi
Perda de carga pelo *choke*:	135 psi

Determine:

a) O tipo do *kick*.

b) A tolerância de *kick* e margem de pressão de poros.

c) O volume de baritina requerido para aumentar o peso da lama.

d) As máximas pressões dinâmicas na superfície.

e) As pressões de circulação.

f) A margem de segurança do *riser*.

13 CAPÍTULO

TÓPICOS ESPECIAIS EM CONTROLE DE POÇOS

GASES RASOS E SISTEMAS DE *DIVERTER*

Eventos conhecidos como gases rasos podem ser definidos como ocorrências de gás durante a perfuração de um poço, provenientes de uma formação abaixo do ponto de assentamento da sapata do primeiro revestimento, descido com o objetivo de conter as pressões no poço (normalmente o revestimento de superfície). O fechamento do poço nessas condições poderá causar a fratura da formação na sapata do último revestimento descido e, em virtude de sua baixa profundidade, ela poderá se propagar até a superfície, formando crateras, impondo, dessa maneira, riscos às unidades de perfuração marítimas apoiadas no fundo do mar. As estatísticas mostram que várias sondas desse tipo foram destruídas por perda de estabilidade e subsequente adernamento ou por incêndios devidos a *blowouts* causados por gases rasos. Apesar de a maioria dos acidentes com gases rasos ter acontecido em unidades marítimas de perfuração, eles também podem ocorrer em sondas terrestres.

Quando se perfura em zonas potencialmente portadoras de gases rasos, as principais medidas de prevenção de *blowouts* a serem adotadas são as seguintes:

1. Seleção da locação em janelas em que a sísmica identifique como não possuidoras de formações portadoras de gases rasos.

2. Perfuração de poços de investigação para identificação destas zonas de gás. O poço deve ter diâmetro de 8 ½" e ser perfurado até a profundidade estabelecida para o assentamento da sapata do revestimento de superfície. Na coluna de perfuração, deverá ser instalada uma *float valve* para evitar *blowouts* pelo interior da coluna. Caso o poço piloto entre em *blowout*, a unidade flutuante deverá abandonar a locação. É importante frisar que o poço piloto não é uma garantia de que não haverá *blowouts* durante a perfuração principal.
3. Adoção das boas técnicas de prevenção de *kicks* que incluem a manutenção da pressão no poço maior que a da formação portadora de gás raso. A probabilidade da ocorrência de *kick* é grande, pois existe uma pequena margem de utilização da massa específica do fluido de perfuração devido aos baixos gradientes de fratura observados nas formações superficiais. Assim, qualquer redução da pressão no poço causada por pistoneio, falta de abastecimento nas manobras ou incorporação do gás das formações cortadas ao fluido de perfuração poderá gerar um *kick*.

Kicks de gases rasos podem se transformar rapidamente em *blowouts* devidos ao curto tempo para detecção e adoção de ações de controle por parte da equipe de perfuração. O gás logo chega à superfície como resultado das baixas profundidades e das grandes vazões de produção, oriundas das formações portadoras de gases rasos. Entretanto, se houver tempo para o fechamento, já haverá um grande volume de gás no poço que poderá conduzir à fratura da formação na sapata do último revestimento descido e à formação de crateras no fundo do mar. Assim, uma solução alternativa ao fechamento do poço seria a utilização de um sistema de *diverter* que desvia o fluxo proveniente do poço para longe da plataforma da sonda, até que o fluxo da zona de gás diminuia, ou que o poço colapse, ou mesmo que alguma ação de controle de poço seja implementada, como a injeção de água do mar pela coluna de perfuração ou o deslocamento de tampões de baritina ou cimento para o interior do poço.

Os sistemas de *diverter* são compostos por uma ou duas linhas de fluxo diametralmente opostas – com diâmetro interno mínimo estabelecido por normas específicas, porém nunca inferior a 6" –, válvulas de abertura plena e um elemento de vedação semelhante a um preventor anular, conforme está mostrado esquematicamente na Figura 13.1. Os sistemas de *diverter* são tratados em normas específicas apresentadas na seção **Fontes de Referência**.

A utilização desses sistemas no passado estava associada a uma alta taxa de falhas. As mais comuns relacionavam-se a defeitos nas válvulas, a excessiva pressão na sapata do revestimento, a erosão e a pressão excessiva no *diverter*. Os problemas relacionados com falhas nas válvulas normalmente eram causados pela sua não abertura ou abertura parcial. Manutenção preventiva adequada, testes periódicos e uso correto das válvulas mostraram-se importantes na redução desse tipo de falha. As pressões excessivas na sapata do último revestimento foram reduzidas aumentando-se os diâmetros das linhas de fluxo do *diverter* (atualmente são utilizados diâmetros de 12" até 16") e eliminado-se curvas e restrições nas linhas. Essas mesmas providências e a utilização de materiais mais resistentes à abrasão minimizam as falhas devidas à erosão. A pressão excessiva no sistema de *diverter* pode causar a falha mecânica do sistema quando o gás atingir a superfície. A Figura 13.2 mostra o comportamento das pressões no *diverter* durante o deslocamento do gás no poço. O ponto máximo da curva representa o instante no qual o gás atinge o sistema de *diverter*. Pesquisas mostram que, a depender da vazão de gás e do diâmetro da linha de fluxo, essa pressão pode atingir valores maiores que 1 000 psi. Como a maioria dos sistemas de *diverter* possui uma pressão de trabalho de 500 psi, é muito importante o dimensionamento correto do sistema para as condições que serão encontradas durante a perfuração, em zonas com possibilidades de ocorrência de gases rasos. É importante destacar que a indústria, hoje, oferece sistemas de *diverter* com pressão de trabalho de 2 000 psi.

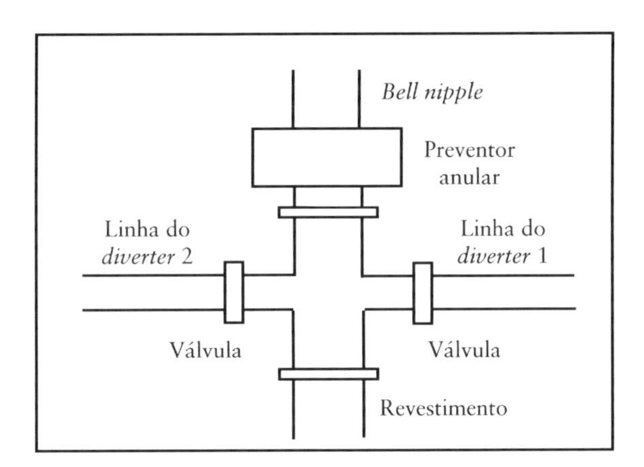

Figura 13.1 Componentes básicos do sistema de *diverter*.

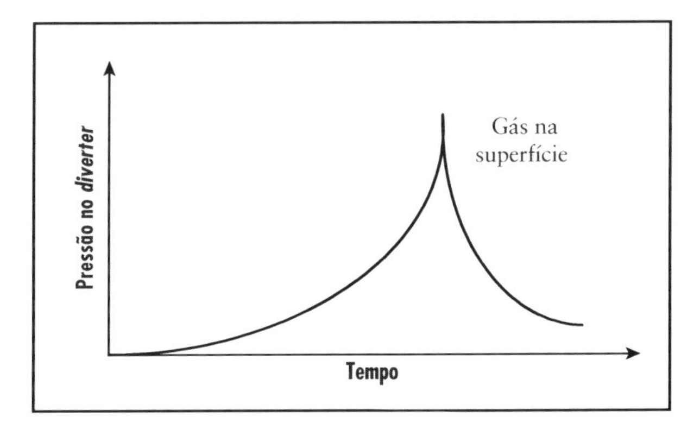

Figura 13.2 Comportamento de pressões no *diverter* num evento de gás raso.

Os sistemas de *diverter* são recomendados para utilização no caso de um influxo de gás raso em sondas apoiadas no fundo do mar (para evitar fratura da formação e possível formação de crateras) ou em unidades flutuantes águas rasas (menores que 100 m), em virtude da possibilidade de a pluma de gás proveniente da cabeça do poço envolver a sonda.

Existe uma tendência, entre os operadores de unidades flutuantes de perfuração, para não utilizar o *riser* enquanto existir o perigo de gases rasos. Isso se justifica porque, no caso de um *blowout*, o gás não atingirá a embarcação por causa das correntes marítimas e da dispersão da pluma de gás. Porém, se o *riser* e o sistema de *diverter* estiverem instalados, eles não deverão ser utilizados para o controle do poço, pois estariam levando o gás diretamente para a embarcação com o perigo de incêndios e explosões, além de estarem submetendo o *riser* ao perigo de colapso. Em águas profundas, a única situação em que o sistema de *diverter* deverá ser utilizado é quando, por algum motivo, existir gás no interior do *riser* após o fechamento do **BOP** submarino, conforme discutido anteriormente.

Controle de *kicks* em poços direcionais e horizontais

O controle de pressões em poço direcionais em termos de procedimentos operacionais é similar àquele realizado em poços verticais. Entretanto, alguns pontos destacados nessa seção, merecem especial atenção. Um deles é que alguns cálculos que envolvem pressão hidrostática, massa específica equivalente e máxima pressão permissível no *choke* devem utilizar a profundidade medida ou a projeção de comprimentos inclinados na vertical, conforme é visto no exemplo numérico mostrado a seguir.

Exemplo de aplicação:

Determinar a pressão agindo no fundo de um poço fechado quando a base de um *kick* de gás migrar desde o seu fundo até uma profundidade medida de 2 500 m ao longo do trecho reto e inclinado (*slant*) em 35° (α). A massa específica do fluido de perfuração é de 10 lb/gal, a profundidade vertical do poço é de 3 000 m e a pressão da formação geradora do *kick* é de 5 400 psi

Solução:

Pressão no fundo do poço quando a base do *kick* está a 2 500 m de profundidade medida:

$$P_{fundo} = P_{base} + 0{,}17 \cdot \rho_m \cdot H_k$$

$$H_k = L_k \cdot \cos \alpha = (3000 - 2500) \cdot \cos 35° = 409{,}6 \text{ m}$$

$$P_{fundo} = 5400 + 0{,}17 \cdot 10{,}0 \cdot 409{,}6 = 6096 \text{ psi}$$

Os poços horizontais tornaram-se muito utilizados como poços de desenvolvimento por proporcionarem aumento da vazão de produção e da recuperação final do reservatório. Do ponto de vista controle de poço, eles apresentam algumas diferenças para o controle de pressões realizado nos poços verticais. Essas diferenças serão apresentadas nesta seção.

Em um poço horizontal, mesmo uma pequena diferença negativa entre a pressão hidrostática do poço e a pressão da formação (*underbalance*) pode gerar rapidamente um *kick* de grandes proporções, em virtude da longa seção de poço que é perfurada no reservatório. Assim, a prevenção do *kick* assume um papel importante. Como os poços horizontais normalmente são explotatórios, a pressão da formação é conhecida e o peso do fluido de perfuração pode ser escolhido adequadamente. Porém, a equipe de perfuração deve estar preparada para possíveis erros na avaliação dessa pressão, bem como para perfuração através de falhas geológicas no reservatório, perdas de circulação e perfuração em áreas de injeção de fluidos para melhoria da recuperação de hidrocarbonetos. As manobras também devem ser observadas para evitar *kicks* devidos, principalmente, ao pistoneio hidráulico, pois os comprimentos perfurados desses poços podem ser grandes. É recomendável fazer a manobra de retirada da coluna com circulação caso a sonda possua um *top drive*.

É importante observar que os problemas de perda de circulação e pistoneio se agravam com o aumento do comprimento do trecho horizontal. Conforme está mostrado na Figura 13.3, a pressão dinâmica no fundo do poço aumenta com o alongamento do trecho horizontal perfurado, em virtude do aumento das perdas de carga no espaço anular durante a circulação do fluido de perfuração, ao passo que a pressão de fratura permanece constante ao longo do trecho horizontal. A fratura da formação localizada no fundo do poço poderá ocorrer após o ponto de interseção das duas curvas. Por outro lado, a redução da pressão no fundo do poço, devida ao pistoneio, aumenta no fundo do poço, com o alongamento do trecho horizontal perfurado, enquanto a pressão de poros permanece constante. A partir do ponto de interseção entre as duas retas mostradas na figura poderá haver um *kick*. Como os dois problemas estão relacionados com perdas de carga por fricção, o fluido de perfuração deverá possuir as mais baixas propriedades reológicas possíveis.

Como em qualquer tipo de perfuração, a rápida detecção do influxo e o pronto fechamento do poço são imperativos. Em um *kick* causado por pistoneio e inteiramente contido no trecho horizontal, a única indicação de sua ocorrência será a alteração de volume observada no tanque de manobra pois não apresentará fluxo vindo do poço com a bomba desligada (*flow check* negativo) e as pressões de fechamento serão nulas. Nesse caso, deve-se descer a coluna no poço aberto, sempre observando-se cuidadosamente o retorno do fluido. Caso haja indicação de que parte do gás deixou o trecho horizontal em virtude da descida da coluna e está migrando, o poço deve ser fechado de imediato, e deve ser realizado o *stripping* da coluna para posterior circulação do *kick*. Em um *kick* ocorrido durante a perfuração e contido inteiramente no trecho horizontal, os *flow checks* também serão negativos e as pressões de fechamento não serão nulas, tendo valores aproximadamente iguais (SIDPP = SICP). O *kick* deverá, então, ser circulado utilizando-se o método do sondador. A possibilidade de acúmulo de gás no lado alto do poço no trecho horizontal deve ser levada em consideração. Isso poderá demandar um tempo maior de circulação ou mesmo o aumento da vazão de circulação.

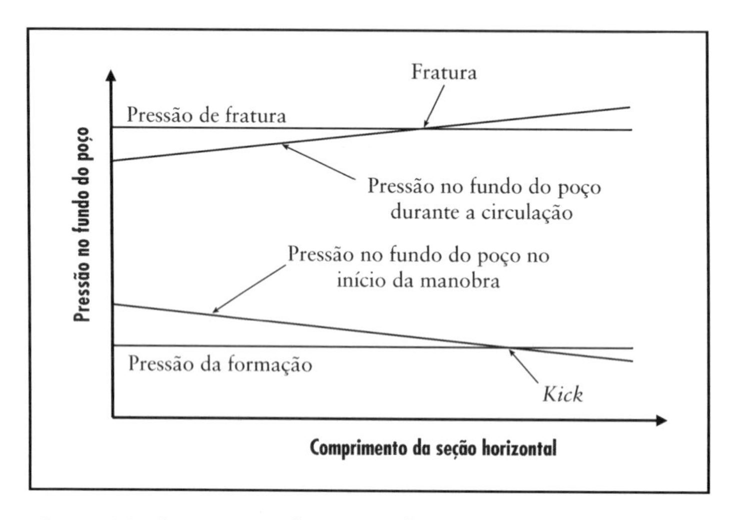

Figura 13.3 Comportamento da pressão no fundo do poço em poços horizontais.

Um ponto importante a ser abordado é o comportamento da pressão de bombeio durante o deslocamento do fluido novo pelo interior da coluna de perfuração, que difere daquele observado em poços verticais, conforme visto na Figura 13.4. A curva apresenta um ponto de mínimo que coincide com o instante no qual o fluido novo atinge o trecho horizontal do poço. Daí em diante, haverá um aumento gradual da pressão de bombeio até que o fluido novo atinja a broca. Esse aumento é devido a maiores perdas de carga no interior da coluna, causadas pela elevação da massa específica do fluido de perfuração. A construção dessa curva é complicada, requerendo a utilização de um programa de computador. Isso resulta em uma desvantagem da utilização do método do engenheiro para o controle de *kicks* em poços horizontais, uma vez que, esse método depende primariamente do traçado da curva. É importante notar que se o operador do *choke* utilizar a curva para o poço vertical ao invés da curva para o poço horizontal, ele estará aplicando uma pressão maior que a necessária no poço. Em outras palavras, ele não estará mantendo a pressão no fundo do poço constante.

Esse comportamento favorece mais uma vez a utilização do método do sondador, pois o procedimento para a circulação do *kick* e posterior amortecimento do poço será o mesmo daquele utilizado para um poço vertical. Assim, a planilha de controle é a mesma que a do caso de poço um vertical, somente alterando os cálculos da máxima pressão no *choke* do ponto de vista da fratura na sapata e da massa específica do fluido de matar, que agora usa, respectivamente, as profundidades verticais da sapata e do poço. O mesmo se aplica qualquer poço direcional.

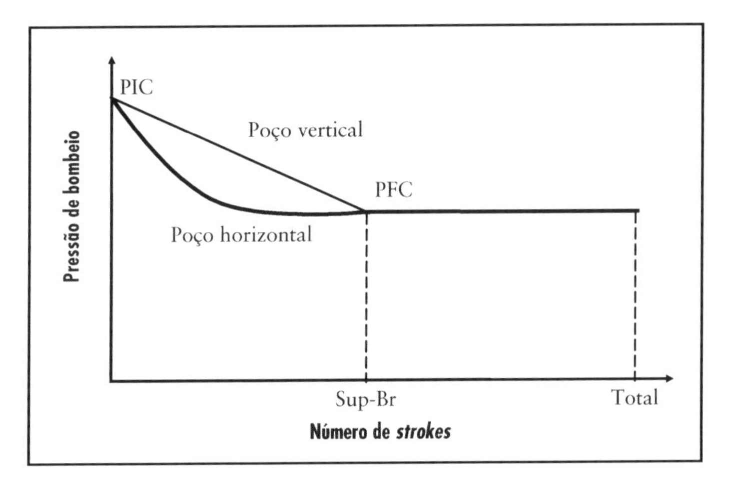

Figura 13.4 Comportamento da pressão de bombeio durante a substituição do fluido original pelo fluido novo.

Velocidade de migração de gás no fluido de perfuração

A estimativa da velocidade de migração do gás no fluido de perfuração é um tópico bastante controvertido. A razão para isto é que o fenômeno da migração do gás no fluido de perfuração é complexo por depender de vários parâmetros e condições dentre os quais se destacam: tamanho e distribuição da bolha de gás, reologia do fluido de perfuração, geometria do espaço anular, inclinação do poço e pressão no gás. Se o fluido está em circulação, essa circulação irá também depender da velocidade do fluido de perfuração.

O fator que mais afeta a velocidade do gás no fluido de perfuração é o volume (diâmetro) da bolha de gás. A Figura 13.5 publicada em Santos (1996). Apresenta a velocidade da bolha (v_b) migrando em um fluido estático como uma função do seu volume para duas situações: (a) sistema aberto que representa o poço aberto (a bolha se expande durante a sua migração); e (b) sistema fechado representando o poço fechado (não há expansão da bolha). No sistema fechado, a velocidade aumenta com o volume da bolha até que ela atinja uma velocidade de migração limite que corresponde ao ponto em que o volume da bolha é tal que ela ocupa toda a área transversal do espaço anular com exceção de uma pequena área por onde o fluido de perfuração irá escoar para baixo. Esse tipo de bolha é conhecido como *slug* (ou bolha de Taylor). No caso do sistema fechado, a expansão da bolha faz com que a sua velocidade sempre aumente mesmo depois de ela atingir o estado *slug*. Conforme visto anteriormente, *kicks* de gás ocorridos durante a perfuração se apresentarão como pequenas bolhas dispersas no fluido de perfuração cujo resultado será uma velocidade de migração menor desses *kicks*. Já em *kicks* ocorridos durante manobras, a formação de *slugs* é mais provável resultando em velocidades de migração maiores.

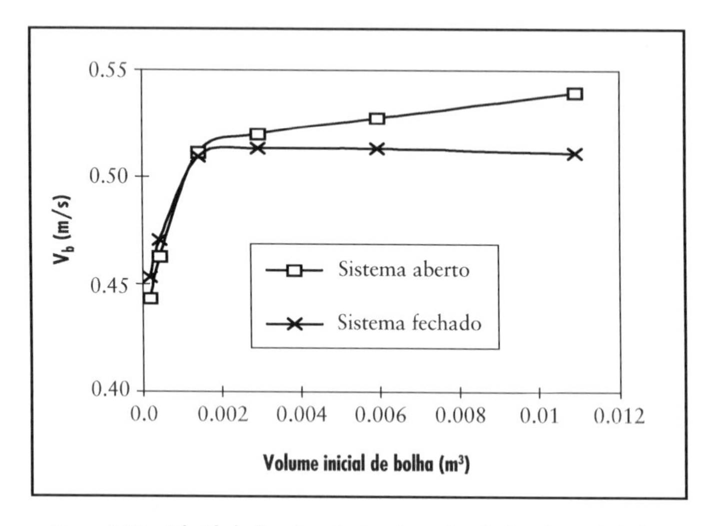

Figura 13.5 Velocidade de migração do gás em função do volume da bolha.

A Figura 13.6 da mesma pesquisa mostra a velocidade de migração de uma bolha do tipo *slug* como uma função da reologia e da inclinação do poço. Conforme esperado, as velocidades de migração nos fluidos mais viscosos (2, 3 e 4) foram menores que na água e em um fluido de baixa viscosidade (1).

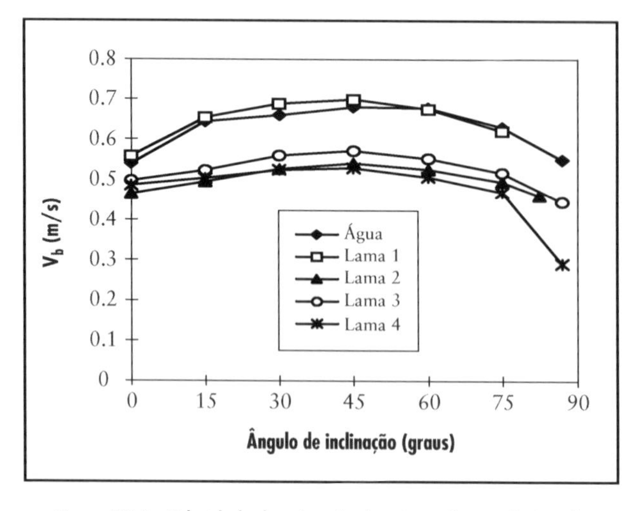

Figura 13.6 Velocidade de migração do gás em função do ângulo de inclinação e reologia do fluido de perfuração.

Quanto ao ângulo de inclinação, a maior velocidade é observada em torno de 45° para todos os tipos de fluidos. A razão disso é que, em poços verticais, a área aberta ao fluxo de fluido descendente é pequena retardando assim a velocidade de migração. Quando o ângulo de inclinação do poço aumenta, a bolha tende a ocupar o lado alto do poço, deixando uma área maior para o fluido descendente escoar, aumentado assim a velocidade de migração. A partir de 45°, a velocidade de migração volta a diminuir em virtude da redução da sua componente gravitacional. A 90° (poço horizontal) foi observado na pesquisa aqui referenciada que não há migração, porém existe um movimento do gás devido a elongação da bolha causada pela tendência dele ocupar de imediato o lado alto do poço. Também foi observado que, em poços direcionais, as pequenas bolhas rapidamente coalescem na parte alta do poço formando uma bola única, do tipo *slug*.

Controle de *kicks* em poços delgados

Existem várias definições para poços delgados. Uma definição bastante utilizada é aquela que diz que poços delgados são aqueles nos quais 90% do comprimento do poço foi perfurado com diâmetro igual ou menor que 7". A razão da perfuração de poços delgados é a redução dos custos de perfuração principalmente de poços exploratórios em regiões remotas. A geometria estreita do espaço anular impõe certos cuidados e procedimentos operacionais concernentes a controle de poço. Nesta seção, essas particularidades serão apresentadas e discutidas.

Em decorrência dos anulares estreitos encontrados em poços delgados, perdas de carga por fricção excessivas poderão se desenvolver durante a circulação do fluido de perfuração. Esse efeito poderá causar perdas do fluido de perfuração ou, até mesmo, fratura de formações fracas exposta no poço durante a circulação de um influxo ou mesmo durante a circulação normal do poço. Quando houver o risco de perda de fluido devida às pressões elevadas no espaço anular, o método de controle de *kick* deverá ser modificado para evitar que esse excesso de pressão seja aplicado no poço. A modificação consiste basicamente em compensar parte das perdas de cargas geradas no espaço anular por uma maior abertura do *choke*, similarmente ao que é feito no controle de poço em águas profundas para compensar as perdas de carga geradas no interior da linha do *choke*.

Em razão da pequena área da seção transversal do espaço anular nos poços delgados, o influxo irá se distribuir ao longo de uma grande altura no interior do poço resultando em altas pressões no sistema no instante do fechamento e durante a circulação desse influxo. Assim, o volume de *kick* em poços delgados deve ser o mínimo possível. É aceito que o sistema de detecção de *kicks* da sonda deve ser capaz de detectar influxos menores que 1 bbl. A equipe da sonda deve estar bem treinada para proceder com o fechamento do poço prontamente.

Durante as manobras para a retirada da coluna de perfuração ou de testemunhagem deve-se ter cuidado especial quanto à geração de um *kick* devido ao pistoneio. As dimensões reduzidas do espaço anular dos poços delgados pode conduzir à redução excessiva da pressão no fundo do poço durante a retirada da coluna. Recomenda-se, assim, condicionar o fluido de perfuração, mantendo-o com a menor reologia possível, no instante da retirada da coluna, e manobrar a coluna com uma velocidade adequada. A manobra deve seguir um programa de enchimento do poço com a utilização do tanque de manobra. Deve-se fazer *flow checks* preventivos no início da manobra, na passagem da broca ou coroa pela sapata, e antes dos comandos passarem pelo BOP.

Como as perdas de carga no anular são excessivas durante a perfuração, é muito provável que o *kick* aconteça no momento em que a circulação é interrompida para a conexão. Isto porque a formação sendo perfurada poderá estar amortecida dinamicamente, mas não estaticamente. Assim, torna-se imperativa uma observação atenta do poço durante este período onde não há controle adequado do nível de fluido nos tanques.

Controle de *kicks* em poços multilaterais

Como os poços multilaterais são, em sua maioria, poços horizontais perfurados com diâmetros reduzidos (delgados), todas as recomendações abordadas previamente concernentes a esses dois tipos de poços se aplicam também aos multilaterais. Como a maioria dos poços multilaterais perfurados no Brasil possui dois ramos, essa seção irá considerar essa situação em que o ramo que está sendo perfurado recebe o nome de poço lateral, enquanto o já perfurado recebe o nome de principal. Se houver vedação hidráulica entre os ramos, as operações de controle de poço se restringirão ao lateral. Se não existe vedação entre os poços, então os seguintes pontos deverão ser observados:

1. Para cada poço (principal e lateral) calcular as máximas pressões permissíveis no *choke*. Utilizar a menor das duas nas comparações com as pressões desenvolvidas no *choke*, no fechamento e durante a circulação do *kick*.
2. Identificar em que poço ocorreu o influxo, pois os procedimentos de controle diferem entre si. Os *kicks* tomados nos poços laterais são mais fáceis de serem controlados caso a coluna de perfuração esteja dentro dele.
3. Considerar a possibilidade de os poços possuírem fluidos com massas específicas diferentes.

Exemplo de aplicação:

O ramo lateral de um poço multilateral está sendo perfurado. Nesse instante, têm-se os seguintes dados:

Profundidade vertical da junção:	1 500 m
Profundidade vertical da sapata do último revestimento descido no poço principal:	2 400 m
Massa específica equivalente de fratura nessa sapata:	12,0 lb/gal
Massa específica do fluido no poço principal:	10 lb/gal
Profundidade vertical da formação produtora no poço principal:	2 500 m
Pressão da formação produtora no poço principal:	9,5 lb/gal
Profundidade vertical da sapata do último revestimento descido no poço lateral:	2 000 m
Massa específica equivalente de fratura nessa sapata:	11,5 lb/gal
Massa específica do fluido no poço lateral:	9,5 lb/gal

Determine nesse instante (a) o diferencial de pressão (em lb/gal) em condições estáticas na formação produtora e (b) a máxima pressão permissível no *choke* (em psi). Se, por uma questão operacional, for necessário reduzir o peso do fluido de perfuração no poço lateral para 9,0 lb/gal, haverá *kick*?

Solução:

A Figura 13.7 é utilizada para auxiliar na resolução do problema:

(a) Diferencial de pressão (em lb/gal) em condições estáticas na formação produtora

$$\Delta\rho_{\text{Formação}} = \rho_{\text{Fundo}} - \rho_{\text{Poros}}$$

$$\Delta\rho_{\text{Formação}} = \frac{0{,}17 \cdot 1\,000 \cdot 10 + 0{,}17 \cdot 1\,500 \cdot 9{,}5}{0{,}17 \cdot 2\,500} - 9{,}5 = 0{,}2 \text{ lb/gal}$$

(b) Máxima pressão permissível no *choke*:

Poço principal: $P_{max,st,f} = 0{,}17 \cdot (2\,400 \cdot 12 - 900 \cdot 10 - 1\,500 \cdot 9{,}5) = 944$ psi

Poço lateral: $P_{max,st,f} = 0{,}17 \cdot 2\,000 \cdot (11{,}5 - 9{,}5) = 680$ psi

Assim, a máxima pressão permissível no *choke* é de 680 psi

(c) Diferencial de pressão (em lb/gal) em condições estáticas na formação produtora após mudança do fluido de perfuração no poço lateral

$$\Delta\rho_{\text{Formação}} = \frac{0{,}17 \cdot 1\,000 \cdot 10 + 0{,}17 \cdot 1\,500 \cdot 9{,}0}{0{,}17 \cdot 2\,500} - 9{,}5 = 0{,}1 \text{ lb/gal}$$

Logo, haverá kick.

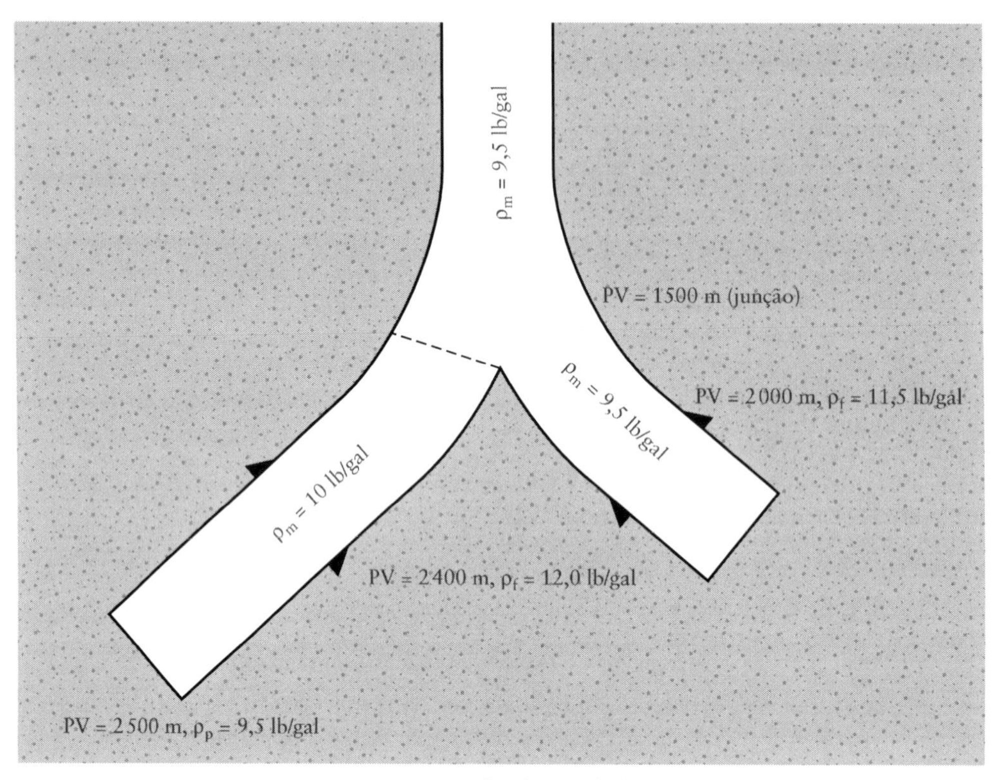

Figura 13.7 Figura auxiliar do exemplo de aplicação.

Controle de *kicks* solúveis no fluido de perfuração

Conforme visto anteriormente, a depender das condições de pressão e temperatura existentes no fundo do poço, o gás produzido durante um *kick* pode entrar em solução no fluido de perfuração. Do ponto de vista prático, os casos mais importantes de solubilidade de gases em fluidos de perfuração são os seguintes: gás sulfídrico (H_2S) em fluidos à base de água e em fluidos à base de óleo diesel ou sintético; gás carbônico (CO_2) em fluidos à base de água e em fluidos à base de óleo diesel ou sintético; e gás natural em fluidos à base de óleo diesel ou sintético. Nessa seção, será discutida a última combinação apresentada, pois é a mais frequente.

Durante algum tempo, a utilização de fluidos à base de óleo em águas profundas foi proibida em virtude dos problemas de controle de poço relacionados à solubilidade do gás no fluido e à poluição (principalmente em uma desconexão de emergência). Com o advento dos fluidos de óleo sintético (menos poluentes) e com uma melhor compreensão do fenômeno da solubilidade, esses fluidos voltaram a ser usados em águas profundas para atender a necessidade de se perfurar poços de longo alcance, de alta pressão e alta temperatura (HPHT), e através de espessas formações salinas. Eles proporcionam, também, uma maior inibição à formação de hidrato, maiores taxas de penetração e uma maior economia total de perfuração quando comparadas àquelas proporcionadas pelos fluidos de perfuração à base de água.

As principais dificuldades operacionais encontradas em *kicks* de gás em poços com fluido à base de óleo são as seguintes:

1. A solubilização do gás no fluido de perfuração faz com que a detecção de um *kick* se torne mais difícil. Assim, o volume ganho, medido na superfície, é menor que o volume real do influxo. Quando os fluidos de perfuração à base de óleo são utilizados, a sonda deve possuir um sistema de detecção de *kicks* confiável e preciso, pois o aumento da vazão de retorno e do nível de fluido nos tanques, bem como os *flow checks*, não serão tão pronunciados, como no caso de um *kick* em um fluido à base de água.
2. Se o influxo não for percebido, ele continuará a ser circulado em direção à superfície com a consequente redução de pressão. Na profundidade em que a pressão correspondente ao ponto de bolha é atingida, uma grande quantidade de gás sairá de solução do fluido à base de óleo deixando o poço com gás livre. Esse ponto, normalmente, se situa próximo a superfície, podendo assim se transformar em um sério problema operacional de controle de poço. Em águas profundas, esse problema poderá ser ainda maior caso esse ponto esteja no interior do *riser.*
3. A maior compressibilidade do fluido de perfuração à base de óleo poderá causar os seguintes problemas:

- Maior tempo para estabilização das pressões de fechamento. Deve-se traçar o gráfico para determinar o ponto de estabilização das pressões de fechamento, conforme discutido anteriormente. Hornung (1990) apresenta um desses gráficos em que o período de estabilização foi de duas horas.
- Maior tempo de resposta na pressão do tubo bengala após manipulação do *choke*. Deve-se fazer testes de circulação pelo *choke* antes do corte da sapata do revestimento, para se avaliar esse tempo de resposta. Hornung apresenta também outro exemplo no qual o tempo de resposta variou de 3 a 4 minutos em um poço de 14000 pés, para vazões de circulação entre 3 e 4 bpm.
- O poço permanecerá fluindo durante algum tempo em virtude da descompressão do fluido de perfuração após a parada da bomba. Devem ser medidos o volume de retorno e o intervalo de tempo no qual o fluxo cessa para auxiliar em uma futura identificação de um influxo.

Entretanto se o *kick* é detectado e o poço fechado, ele poderá ser circulado utilizando as técnicas usuais de controle. Mais uma vez, o método do sondador é o indicado. É importante notar que se a pressão equivalente ao ponto de bolha não é atingida à montante do *choke*, o *kick* se comportará como líquido conduzindo a baixas pressões no *choke*. A sonda deverá estar equipada com um sistema de manuseio de gás (principalmente separador atmosférico) bem dimensionado, pois a quantidade de gás que será liberado após a passagem pelo *choke* poderá ser grande, principalmente em poços HPHT.

EXERCÍCIOS

13.1) Um poço marítimo encontrou uma formação portadora de gás raso a 204,2 metros. A pressão de poros nessa formação no contato gás/água a 234,7 metros foi estimada como sendo de 320 psi. A lâmina d'água na locação é de 61,0 metros e o *air gap* da plataforma é de 21,3 metros. Se o fluido de perfuração usado é de 8,9 lb/gal e o gradiente de pressão hidrostática do gás da formação é de 0,035 psi/m, houve *kick* quando essa formação foi encontrada?

13.2) Um poço marítimo será perfurado sem *riser* até a profundidade final da fase a 800 m quando será descido o revestimento de superfície. Sabendo-se que existe uma formação com gás a 350 m de profundidade com gradiente de pressão de poros de 1,438 psi/m, qual será a massa específica mínima do fluido de perfuração para não haver um *kick* após a manobra de retirada da coluna de perfuração na profundidade final da fase? Considerar:

Lâmina de água:	182,9 m
Air gap:	22,9 m
Sapata do condutor:	285 m
Capacidade do condutor:	2,4988 bbl/m
Deslocamento dos tubos:	0,02667 bbl/m
Deslocamento dos comandos:	0,1753 bbl/m
Comprimento da seção de comandos:	36,6 m
Gradiente hidrostático da água do mar:	1,46 psi/m

13.3) Um fluxo de água proveniente de um arenito a 1 432,5 m de profundidade vertical e pressão de poros de 9,4 lb/gal com relação ao nível do mar é detectado em uma lâmina de água de 975,3 metros. O condutor está assentado em uma profundidade de 91,4 m abaixo do leito marinho. Determinar a massa específica do fluido de perfuração necessária para amortecer o arenito, considerando o gradiente hidrostático da água do mar de 1,46 psi/m.

Essa massa específica do fluido de perfuração pode ser usada sabendo-se que a massa específica equivalente de fratura é de 9,4 lb/gal, referente ao nível do mar na sapata do condutor?

13.4) Determinar o volume do colchão de lavagem que gera um diferencial de pressão positivo no fundo do poço em condições estáticas de 400 psi ao final do deslocamento da pasta de cimento. Utilizar os seguintes dados e informações:

1ª pasta de cimento: massa específica – 13,5 lb/gal; comprimento – 450 m.

2ª pasta de cimento: massa específica – 15,8 lb/gal; comprimento – 150 m.

Colchão de lavagem: massa específica – 8,5 lb/gal

Fluido de perfuração: massa específica – 10,5 lb/gal.

Profundidade vertical do poço:	3 200 m
Pressão da formação no fundo do poço:	5 400 psi
Capacidade do espaço anular a ser cimentado:	0,180 bbl/m
Inclinação do poço:	35°

Poço direcional do Tipo I

O colchão encontra-se na sua totalidade no trecho *slant*

13.5) Determinar a pressão agindo no fundo do poço quando a base de um *kick* de gás migra 500 m ao longo do trecho em *slant* com 35° de inclinação desde o fundo do poço. Utilizar os seguintes dados: massa específica da lama = 10 lb/gal; profundidade vertical do poço = 3 000 m e pressão da formação no fundo do poço = 5 400 psi.

13.6) Determinar a máxima pressão de poros em que teria a formação que gerou o *kick* com as características mostradas a seguir para que não haja fratura da formação após o fechamento do poço.

Massa específica da lama:	12 lb/gal
Profundidade vertical do poço:	4 300 m
Profundidade vertical da sapata:	2 200 m
Capacidade do espaço anular:	0,1 bbl/m
Volume do *kick*:	10 bbl
Massa específica do *kick*:	3 lb/gal
Massa específica equivalente de fratura na sapata:	14 lb/gal

Poço com inclinação de 50°:

13.7) Determinar o comprimento máximo do trecho horizontal de um poço horizontal, do ponto de vista do pistoneio hidráulico, para as seguintes condições:

Profundidade medida do poço no ponto que ele atinge 90°:	2 000 m
Profundidade vertical nesse ponto:	1500 m
Pressão de poros nesse ponto:	9,0 lb/gal
Massa específica do fluido no poço:	9,7 lb/gal
Limite de escoamento do fluido:	15 lbf/100 pe^2
Viscosidade plástica:	20 cp
Diâmetro externo:	8 ½"
Diâmetro interno:	5,0
Velocidade de retirada da coluna:	37 m/min

A perda de pressão no fundo do poço em psi é dada pela Equação 3.7.

14 CAPÍTULO

ATRIBUIÇÕES E RESPONSABILIDADES DAS EQUIPES DE PERFURAÇÃO

DURANTE O FECHAMENTO DO POÇO

Engenheiro Fiscal

- Preparar a planilha de controle e verificar a planilha de controle preparada pela equipe da sonda. Compará-las e resolver qualquer discordância entre as duas planilhas.
- Registrar e analisar dados de pressão.

Encarregado

- Executar o *hang-off*.
- Verificar a sonda e o pessoal quanto à segurança.
- Verificar se o poço e o *choke* estão efetivamente fechados.
- Manter informado o engenheiro fiscal.

Químico e/ou técnico de fluido de perfuração

- Verificar as propriedades do fluido e volume dos tanques.
- Verificar o fornecimento do fluido.
- Verificar o estoque de aditivos.
- Providenciar o acionamento e o teste do desgaseificador.
- Manter informado o engenheiro fiscal.

Sondador

- Posicionar a coluna no ponto de *hang-off*.
- Fechar o BOP anular superior.
- Abrir as válvulas submarinas das linhas do *choke* e de matar.
- Notificar o encarregado da sonda.
- Registrar pressões de fechamento.

Torrista

- Pressurizar silos de baritina e ventilar linhas.
- Permanecer na plataforma da sonda pronto para receber instruções.

Plataformista

- Permanecer na plataforma da sonda auxiliando o torrista, o sondador e o encarregado

DURANTE O COMBATE AO KICK

Engenheiro fiscal

- Comunicar o *kick* ao gerente imediato ou a base de operação.
- Transmitir e fazer cumprir as diretrizes da compania operadora.
- Coordenar as operações de controle de poço.
- Planejar junto com o supervisor de perfuração ou superintendente/OIM, encarregado, químico e/ou técnico de fluido todas as etapas de combate ao influxo.
- Supervisionar o andamento das operações.
- Registrar os eventos de cada etapa do controle do *kick*.
- Elaborar o relatório da operação do controle do *kick*.
- Analisar, com os supervisores da sonda, a possibilidade de evacuação ou abandono. Em unidades flutuantes, verificar a possibilidade de desconecção de emergência.
- Analisar a necessidade de acionar recursos adicionais para a operação.

Supervisor de perfuração, superintendente/OIM e/ ou encarregado

- Executar o controle de poço, conforme as diretrizes da companhia operadora.
- Planejar, junto com o engenheiro fiscal, químico e/ou técnico de fluido todas as etapas do controle do influxo.
- Designar uma pessoa para operar o *choke* (sondador para cima).
- Designar uma pessoa para registrar as pressões e outras informações relevantes durante a circulação do *kick* a cada dez minutos.
- Verificar se as operações estão se desenvolvendo conforme o planejado. Se houver anormalidades, comunicar ao engenheiro fiscal.
- Determinar com o engenheiro fiscal o abandono da sonda.

Químico e/ou técnico de fluido

- Planejar junto com o engenheiro fiscal e o supervisor de perfuração ou superintendente/OIM ou encarregado todas as etapas de combate ao influxo.
- Supervisionar a fabricação da lama nova e verificar as suas propriedades.
- Acompanhar a evolução das pressões e os volumes de lama injetados no poço.
- Verificar os registros do torrista sobre a situação dos tanques de lama (volume disponível, volume ganho, volume perdido etc.).

Sondador

- Monitorar e registrar as pressões e as vazões das bombas de lama.
- Orientar o operador da unidade de cimentação.

Torrista

- Adensar e/ou preparar lama conforme designado pelo químico e/ou técnico de fluidos.
- Registar e manter o químico e/ou técnico de fluidos informados sobre a situação dos tanques de lama (volume disponível, volume ganho, volume perdido etc.).

Plataformista

- Permanecer na plataforma à disposição do sondador e supervisor de perfuração ou superintendente/OIM e encarregado

15

CAPÍTULO

CERTIFICAÇÃO E EXERCÍCIOS SIMULADOS DE CONTROLE DE POÇO

CERTIFICAÇÃO E TREINAMENTO

Todos os profissionais envolvidos diretamente em operações de perfuração, completação e intervenção com sonda em poços terrestres ou marítimos devem possuir certificação válida em controle de poço. Apesar de o sistema de certificação **IWCF** (*International Well Control Forum* que é uma organização sem fins lucrativos com origem na Europa) ser aceito no Brasil, o sistema de certificação mais utilizado é o **WellCAP** da **IADC**. Nesse sistema, a **IADC** acredita instituições que satisfaçam os padrões internacionais de treinamento em controle de poço. Assim, essas instituições poderão emitir certificados e carteiras de habilitação do programa aos participantes aprovados após o treinamento em um determinado nível. Essa certificação na modalidade perfuração tem sua validade de acordo com os níveis de certificação apresentados a seguir de acordo com o público-alvo:

1. Nível Introdutório – Destinado a plataformistas e torristas, além do pessoal não técnico. Para obter a certificação, o candidato deve participar do curso

Controle de Poço com 24 horas de duração, obter nota mínima de 7,0, em um teste escrito após as aulas, e garantir uma frequência mínima de 20 horas no curso. A certificação é oferecida em duas opções: Superfície (ESCP de superfície) ou Combinado (ESCP submarino). O período de validade da certificação é de cinco anos contados a partir do último dia do curso.

2. Nível Fundamental – Destinado a sondadores, assistentes de sondador e técnicos de fluidos. Para obter a certificação, o profissional deve participar do curso Controle de Poço com 40 horas de duração, obter nota mínima de 7,0, tanto no teste escrito como no teste prático, no simulador de *kicks*, ambos aplicados após as aulas, e garantir uma frequência mínima de 36 horas no curso. Da mesma forma, este nível de certificação é oferecido em duas opções: Superfície (ESCP de superfície) ou Combinado (ESCP submarino). O período de validade da certificação é de dois anos, contados a partir do último dia do curso.
3. Nível Supervisão – Para profissionais que desempenham função de supervisão em uma sonda (engenheiro fiscal, encarregado da sonda, químico e técnicos de fluidos, superintendente da sonda etc.). A certificação é obtida após o profissional satisfazer os seguintes requisitos: participar do curso Controle de Poço com 40 horas de duração, obter nota mínima de 7,0, tanto no teste escrito como no teste prático, no simulador de *kicks*, ambos aplicados após as aulas, e garantir uma frequência mínima de 36 horas no curso. A certificação é também oferecida em duas opções: Superfície (ESCP de superfície) ou Combinado (ESCP submarino). O período de validade da certificação é de dois anos contados a partir do último dia do curso.

Exercícios simulados de detecção de *kicks* e fechamento do poço

Nesta seção, serão apresentados os procedimentos e recomendações para a realização dos exercícios simulados de detecção de *kicks* e fechamento do poço (*drills*). Esses procedimentos e recomendações poderão ser aplicados a sondas operando tanto em terra como no mar.

Objetivo e aplicação

O objetivo dos exercícios simulados é treinar as equipes da sonda na detecção de *kicks* e nos procedimentos de fechamento do poço, mantendo-as atentas e prontas para agir eficientemente diante da situação real, evitando pânico e minimizando os riscos de acidentes. Esses exercícios devem ser aplicados aos integrantes das equipes de sondas em operações de perfuração, completação e intervenção.

Referências para avaliação

1. Os volumes ganhos em manobras ou em outras operações cujo poço esteja sendo monitorado pelo tanque de manobra, não devem ser maiores que cinco barris.
2. Os volumes ganhos em perfuração ou em outras operações cujo poço não esteja sendo monitorado pelo tanque de manobra, não devem ser maiores que dez barris.
3. O tempo total de fechamento do poço não deve ser maior que três minutos. O tempo total de fechamento é definido como sendo a soma do tempo de reação (tempo decorrido entre o início do teste e o instante da detecção do influxo) com o tempo efetivo de fechamento (tempo decorrido entre a detecção do *kick* e o fechamento do poço).

Procedimentos

1. Simulação do *kick* com a coluna no fundo do poço (*pit drill*).

- Simulação de ganho de volume na superfície.
  O encarregado da sonda simula o *kick* levantando lentamente o sensor (boia) de indicação do nível de lama do tanque ativo ou comunicando um tanque reserva ou o tanque de manobra com o sistema e aciona o cronômetro.
- Simulação de aumento de vazão de retorno.
  O encarregado da sonda simula o *kick,* levantando lentamente o sensor do medidor diferencial de vazão de retorno na saída de lama e aciona o cronômetro.

2. Simulação do *kick* em manobra (*trip drill*).

   O encarregado da sonda simula o *kick* levantando lentamente o sensor (boia) de indicação de nível do tanque de manobra e aciona o cronômetro.

Atribuições dos elementos da equipe durante a realização dos exercícios

1. O sondador ao detectar o *kick*, executa o procedimento de comunicação para que todos assumam seus postos e prepara-se para o fechamento do poço.
2. O fiscal anota o instante em que o sondador detectou o *kick* simulado e avisa ao mesmo que é um treinamento.
3. O técnico de fluidos deverá acompanhar as tarefas executadas pelo torrista.
4. O sondador deverá fechar o poço como se estivesse em uma situação real de *kick*.

5. O assistente do sondador deverá verificar o alinhamento das válvulas do *choke manifold*.
6. O torrista deverá pesar uma amostra de lama do tanque ativo e testar o desgaseificador a vácuo.
7. Em sondas flutuantes, o *subsea* deverá assistir o sondador na operação do painel de acionamento do BOP e seguir os procedimentos da sonda.
8. Cada membro da equipe de sondagem deverá reportar ao sondador as tarefas executadas.
9. Após o fechamento do poço, o fiscal determina que o encarregado da sonda convoque a equipe e explique para todos que se trata de uma simulação e faça uma explanação a título de treinamento.

Periodicidade

Esses exercícios deverão ser realizados na frequência de, pelo menos, 1 (um) exercício completo, por todas as equipes, por embarque de 14 dias nas operações de perfuração ou manobra. A critério do fiscal, poderão ser realizados exercícios de instalação da válvula de segurança de coluna nas manobras, com a extremidade da coluna dentro do revestimento.

Registros

Devem ser registradas no Boletim Diário de Operação as seguintes informações: a equipe que realizou o exercício, operação na qual ele foi realizado, o tempo de detecção do *kick* e o tempo para fechamento do poço. No caso de exercícios para a instalação da válvula da coluna, devem ser registrados no mesmo documento a equipe que realizou o teste e o tempo gasto para a instalação da válvula.

Avaliação dos exercícios

Após a conclusão dos exercícios, o fiscal juntamente com o encarregado da sonda, deverá fazer uma avaliação do desempenho da equipe comparando-o com os outros obtidos em exercícios anteriores.

FONTES DE REFERÊNCIA

Aberdeen Drilling Schools, *Well Control for the Man on the Rig*, Aberdeen, Escócia, 2002.

Adams, N., *Well Control Problems and Solutions*, The Petroleum Publishing Company, Tulsa, EUA, 1980.

American Petroleum Institute, *Recommended Practices for Well Control Operations – API RP-59*, Washington DC, EUA, 2006.

American Petroleum Institute, *Recommended Practices for Diverter Systems – API RP-64*, Washington DC, EUA, 2001.

Currans D., Brandt W., Lindsay G., Tarvin J., *The Implications of High Angle and Horizontal Well for Successful Well* Control, IADC, Houston, EUA, 1993.

International Association of Drilling Contractor – IADC, *Deepwater Well Control Guidelines*, IADC, Houston, EUA, 1998.

International Association of Drilling Contractor – IADC, *Drilling Operations –* Core Curriculum and Related Job Skills, IADC, Houston, EUA, 2012

International Organization for Standardization – ISO, *Shallow Gas Diverter System –ISO-13354*, Gênova, Suiça, 2011.

Hornung, M. R., *Kick Prevention, Detection, and Control: Planning and Trainning Guidelines for Drilling Drilling Deep High-Pressure Gas Wells*, IADC/SPE, Dallas, EUA, 1990.

Louisiana State University, *LSU Well Control School*, Baton Rouge, EUA, 1984.

Oliveira P. C. P., Arruda, A. M., Negrão, A. F., *Kicks – Prevenção e Controle*, Petrobras, Salvador, Brasil, 1983.

Petrobras, *Simulado de Fechamento de Poço, Kick e Blowout*, Código *PE--2EM-00002-K do SINPEP (Sistema Integrado de Padronização Eletrônica da Petrobras)*, Rio de Janeiro, Brasil, 2011.

Petrobras, *Fechamento do Poço em Unidades Flutuantes – BOP Submarino, Código PG-2EM-00001-K do SINPEP (Sistema Integrado de Padronização Eletrônica da Petrobras)*, Rio de Janeiro, Brasil, 2011.

Petrobras, *Manual do Programa de Segurança em Posicionamento Dinâmico – DP-PS*, Macaé, Brasil, 1989.

Petrobras, *Prevenção e Controle de Kicks* - N-2755, Rio de Janeiro, Brasil, 2004.

Petrobras, *Recursos Críticos de Segurança de Poço: Equipamento e Capacitação de Pessoal* - N-2753, Rio de Janeiro, Brasil, 2012.

Rocha, L. A. S., Azevedo, C. T., *Projetos de Poços de Petróleo*, Editora Interciência, Brasil, Rio de Janeiro, 2007.

Santos, O. L. A., Bourgoyne Jr., A. T., *Estimation of Pressure Peaks Occuring When Diverting Shallow Gas*, SPE, Dallas, EUA, 1989.

Santos, O. L. A., *Considerações sobre Segurança de Poço Durante a Perfuração de Poços Delgados*, Rio de Janeiro, Petrobras, Brasil, 1998.

Santos, O. L. A., *Estudo Experimental da Migração de Gás em Fluidos Não-*-newtonianos *Parados em Anulares Inclinados*, Petrobras, Rio de Janeiro, Brasil, 1996.

Schlumberger and Sedco Forex, *Well Control Manual*, Billere, França 1999.

Széliga, E. O., Ferreira, M. F. *Controle de Erupção*, Petrobras, Salvador, Brasil, 1990.

Watson, D., Brittenham, T., Moore, P. L, Advanced Well Control, SPE Textbook Series, Dallas, EUA, 2003.

Well Control Schools, *Guide to Blowout Prevention*, Houston, EUA, 2000.

ANEXO

Planilha de Acompanhamento de Manobra

Planilha de acompanhamento de manobra

Sonda:________________________ Data:__________________________
Poço: ___________________________
Hora:____________________________
Sondador:________________________
Profundidade:_____________________

Tabela dedeslocamentos:

Tipo de tubulação	DC1	DC2	DC3	HWDP	DP	Outros
Dimensões						
Deslocamento (bbl/m)						
Volume/Seção (bbl)						

Planilha de manobra

Número da seção	Volume no tanque de manobra (bbl)	Volume calculado por seção (bbl)	Volume medido (bbl)		Discrepância (bbl)		Observação
			Por seção	Acumulado	Por seção	Acumulada	
(1)	(2)	(3)	(4)	(5)	(6)	(7)	(8)
0							

(1) Número da seção estaleirada (em condições normais, registre as cinco primeiras seções e após, a cada três ou cinco seções).
(2) Volume no tanque de manobra.
(3) Volume de deslocamento por seção ou seções.
(4) Volume medido por seção ou seções.
(5) Soma cumulativa dos valores da coluna 4.
(6) Resultados da subtração da coluna 3 da 4.
(7) Soma cumulativa dos valores da coluna 6.
(8) Observações (sugere-se o registro do tempo de retirada de uma seção).

ANEXO II

Planilhas de Controle para ESCP de Superfície*

* Extraído de Petrobras, *Recursos Críticos de Segurança de Poço: Equipamento e Capacitação de Pessoal* - N-2753, Rio de Janeiro, Brasil, 2012.

PETRÓLEO BRASILEIRO S.A.
PETROBRAS

PLANILHA DE INFORMAÇÕES PRÉVIAS – E.S.C.P -SUPERFÍCIE

SONDA: **POÇO:** **PROF. (m):** **DATA:** **SONDADOR:**

1. **Pressão de teste do BOP:** $P_{max,st,BOP}$ = psi

2. **Dados do último revestimento descido:**

Diâmetro (in)	Grau	Peso (lb/pé)	$P_{i,csg}$ (psi)
$P_{max,st,csg}$ = 0,80 * $P_{i,csg}$ = 0,8 * ( ) = psi			
Profundidade da sapata		$D_{v,sap}$ = m	

3. **Massa específica do fluido -** ρ ( ) lb/gal

4. **Massa específica de fratura -** ρ_f ( ) lb/gal

5. **Máxima pressão no choke - equipamento:**

$P_{max,st,eq}$ = Min ($P_{max,st,BOP}$; $P_{max,st,csg}$) = psi

6. **Máxima pressão no choke – fratura da sapata:**

$P_{max,st,f}$ = 0,17 * (ρ_f - ρ) * $D_{v,sap}$ = psi

7. **Informações sobre as bombas e poço :**

BOMBAS ALTERNATIVAS DA SONDA		
Dados	**Bomba n° 1**	**Bomba n° 2**
A – Tipo		
B – Camisa(D x L)(in)		
C – Desl. Teórico (δ)		
D - Eficiência Vol. (ε)		
E – Desl. Real (δ_{mp})	δ* ε = bbl/stk	δ* ε = bbl/stk

Pressões Reduzidas de Circulação			
Bomba n° 1		**Bomba n° 2**	
Velocidade	PRC	Velocidade	PRC
30 spm	psi	30 spm	psi
40 spm	psi	40 spm	psi
Profundidade vertical do poço		D_v = m	

8. **Capacidades em (bbl/m)**

8.1 Interior da coluna : $C_i = 0,00319 * d_i^2$

Coluna	d_e (in)	d_i (in)	C_i (bbl/m)
DP			
HW			
DC_1			
DC_2			

8.2 Anular : $C_i = 0,00319 * (de_i^2 - d_i^2)$

CAPACIDADE DO ANULAR (C_i)		
Coluna	**Rev.(bbl / m)**	**Poço (bbl / m)**
Tubo – DP		
Tubo pesado – HW		
Comando – DC_1		
Comando – DC_2		

9. **Volumes:**

9.1 Interior da coluna – Superfície x Broca:

Coluna	C_i (8.1)	*	L_i	V_i (bbl)
DP	bbl / m	*	m	
HW	bbl / m	*	m	
DC_1	bbl / m	*	m	
DC_2	bbl / m	*	m	
			Total (A)	

9.2 Anular – Broca x Superfície:

Anular	C_i (8.2)	*	L_i	Vol. (bbl)
DC_2-Poço	bbl / m	*	m	
DC_1-Poço	bbl /m	*	m	
HW-Poço	bbl / m	*	m	
DP-Poço	bbl /m	*	m	
DC_1-Rev.	bbl / m	*	m	
HW-Rev.	bbl / m	*	m	
DP-Rev.	bbl /m	*	m	
			Total (B)	

9.3 Volume Total do poço (VTP):

Total (A) + Total (B) ⟶ VTP = bbl

10. Números de strokes (stk):

Intervalo	Vi / δ_{mp}		Stk
Superf.-Broca (Stk_{sup-br})	bbl	÷	
Broca–sapata (Stk_{br-sap})	bbl	÷	
Broca–superf. (Stk_{br-sup})	bbl	÷	
Total (Stk_{sup-br} + Stk_{br-sup})			

11. Volume de fluido no sistema (VFS):

Poço + Tanques ⟶ **VFS =** bbl

Joaquim Ibiapina e Márcio Koki

PETRÓLEO BRASILEIRO S.A.
PETROBRAS

PLANILHA DE CONTROLE DE KICK – MÉTODO DO SONDADOR

E.S.C.P - SUPERFÍCIE

POÇO:__________ SONDA:____________ DATA:____________ SONDADOR

1 - PRESSÃO REDUZIDA DE CIRCULAÇÃO (PRC_r) DO KICK - Informações Prévias:

BOMBA (N°)	
Velocidade reduzida de circulação (**VRC**)	spm
Pressão reduzida de circulação (**PRC**)	psi
Perda de carga no espaço anular do revestimento ($\Delta P_{an,csg}$)	psi
Massa específica do fluído (ρ_m)	lb/gal

2 - INFORMAÇÕES SOBRE O KICK :

Pressão estabilizada no bengala - **SIDPP**	psi
Pressão estabilizada no mânometro da linha de matar - **SICP**	psi
Volume ganho - **Vk**	bbl
Profundidade vertical do poço - D_v	m

3 - PRESSÕES MÁXIMAS :

A – Condição estática: $P_{max,\,st,f}$ = psi

B – Condições dinâmicas:

Kick antes da sapata: $P_{max,\,din,\,f} = P_{max,\,st,\,f} - \Delta P_{an,csg}$	( ) - ( ) =	psi
Kick acima da sapata: $P_{max,\,din,\,eq} = P_{max,\,st,\,eq}$		psi
Kick acima da sapata: $P_{max,beng} = P_{max,st,f} + PRC - \Delta P_{an,csg}$	( ) + ( ) - ( ) =	psi

4 - CÁLCULOS:

PIC = PRC + SIDPP	( ) + ( ) =	psi
ρ_{nm} = SIDPP / (0,17 * D_v) + ρ_m	( ) / (0,17 *) + ( ) =	lb / gal
PFC = PRC * ρ_{nm} / ρ_m	( ) * ( ) / ( ) =	psi

5 - CONTROLE:

A) MANTER A PRESSÃO NO MÂNOMETRO DO CHOKE IGUAL A __________ psi (**SICP**) ENQUANTO A VELOCIDADE DA BOMBA É AJUSTADA NA VELOCIDADE REDUZIDA DE CIRCULAÇÃO __________ spm (**VRC**).

B) MANTER A PRESSÃO NO BENGALA IGUAL A __________ psi (**PIC**) ATÉ DESLOCAR O VOLUME DO ANULAR __________ stks ($\mathbf{Stk_{br\text{-}sup}}$). DURANTE A CIRCULAÇÃO A PRESSÃO NO MÂNOMETRO DO CHOKE NÃO DEVE ULTRAPASSAR __________ psi ($\mathbf{P_{max,din,f}}$) ATÉ __________ stks ($\mathbf{Stk_{br\text{-}sap}}$).APÓS, DESLOCAR ESTE VOLUME, A PRESSÃO NO MÂNOMETRO DO CHOKE NÃO DEVE EXCEDER __________ psi ($\mathbf{P_{max,\,din\,,eq}}$).

C) PARAR A BOMBA E SIMULTANEAMENTE FECHAR O CHOKE. A PRESSÃO NO BENGALA E NO CHOKE DEVEM SER IGUAIS A__________ psi (**SIDPP**).

D) MANTER A PRESSÃO NO MÂNOMETRO DO CHOKE IGUAL A__________ psi (**SIDPP**) ENQUANTO QUE A VELOCIDADE DA BOMBA É AJUSTADA NA VELOCIDADE REDUZIDA DE CIRCULAÇÃO __________ spm (**VRC**).

E) MANTER A PRESSÃO NO MÂNOMETRO DO CHOKE IGUAL A__________ psi (**SIDPP**) ENQUANTO A LAMA NOVA É DESLOCADA NO INTERIOR DA COLUNA __________ stks ($\mathbf{Stk_{sup\text{-}br}}$).

F) MANTER A PRESSÃO NO BENGALA IGUAL A__________ psi (**PFC**) A LAMA NOVA CHEGAR NA SUPERFÍCIE APÓS __________ stks ($\mathbf{Stk_{sup\text{-}br\,+\,br\text{-}sup}}$).

G) PARAR A BOMBA E SIMULTANEAMENTE FECHAR O CHOKE . A PRESSÃO NO BENGALA E NO CHOKE DEVEM SER IGUAIS A **ZERO** (**0**) psi.

ANEXO III

Planilhas de Controle para ESCP Submarino*

* Extraído de Petrobras, *Recursos Críticos de Segurança de Poço: Equipamento e Capacitação de Pessoal - N-2753*, Rio de Janeiro, Brasil, 2012.

PETRÓLEO BRASILEIRO S.A. PETROBRAS

Planilha de Informações Prévias - E.S.C.P - Submarino

Sonda: Poço: Data / /

1 – Dados Gerais

Distância Mesa Rotativa Fundo do Mar (D_{ml})	m	Profundidade Vertical do Poço (D_v)	m
Massa Específica da Lama (ρ_m)	lb/gal	Profundidade Vertical da Sapata ($D_{v,sap}$)	m
Massa Específica Equiv. Absorção/fratura (ρ_f)	lb/gal	Pressão de Teste do BOP ($P_{t,BOP}$)	psi
		Resistência a Pressão Interna Revest. (R_{pi})	psi

2 – Máxima pressões Estática

Pressão Máxima Baseada na Sapata

$P_{max,st,f} = 0{,}17(\rho_f - \rho_m)*D_{v,sap}$ psi

Pressão Máx. Rev.: $P_{max,st,csg} = (0{,}8*R_{pi}) - 0{,}17*(\rho_m - 8{,}5)*D_{ml}$ psi

Pressão Máx. BOP: $P_{max,st,BOP} = (P_{t,BOP}) - 0{,}17*(\rho_m - 8{,}5)*D_{ml}$ psi

Pressão Máx. Equip.: $P_{max,st,eq} = Min.(P_{max,st,csg} ; P_{max,st,BOP})$ psi

3 – Capacidades / Comprimentos / Volumes

Interior	d_1(pol)	d_2(pol)	d_3(pol)	$C_{v,i}$(bbl/m)	L(m)	Vi(bbl)
DP						
HW						
DC1						
DC2						
DC3						
Total Inter.						
Liner						
Poço						
Revest.						
Riser (r)						
Choke (cl)						

d_1 d_2 d_3

Anular	$C_{v,a}$(bbl/m)	L(m)	V_a(bbl)
Poço DC3			
Poço DC2			
Poço DC1			
Poço HW			
Poço DP			
Total Poço			
Rev. DC1			
Revest. HW			
Revest. DP			
Total Rev.			
Riser DP			

$Cv,i(bbl/m) = 3{,}19 * 10^{-3} * d_1^2$ $Vi\ (bbl) = C_{v,i} * L$ $C_{v,a}(bbl/m) = 3{,}19 * 10^{-3} * (d_3^2 - d_2^2)$ $V_a(bbl) = C_{v,a} * L$

4 – Dados da bomba

	δ (bbl/stk)	ε	δ * ε δmp(bbl/stk)	VRC(spm) = Q/(42*δmp) 100 gpm	150 gpm
Bomba 1					
Bomba 2					

Pressões com vazões reduzidas (psi)				
Q.(gpm)	VRC(spm)	PRCr	ΔP_{cl}	$\Delta P_{an,csg}$
100				
150				

5 – Volumes e Strokes

5 – Volumes e Strokes	Vi (bbl)	Stk = Vi/δmp
Interior da coluna= Total interior (Stk_{sup-br})		stk
Da Broca até sapata = Total anular poço (Stk_{br-sap})		stk
Da Broca até o BOP = Total Anular Poço + Revestimento		stk
Broca até Superfície = Broca até BOP + Vi,cl (Stk_{br-sup})		stk
Total do Poço = Interior + Broca BOP+2*Vi,cl+Van,r		
Total nos Tanques = Soma dos Volumes nos Tanques		
Total do Sistema = Total no Poço+Total nos Tanques		

6 – Observações:

ESQUEMA DO POÇO

PETRÓLEO BRASILEIRO S.A.
PETROBRAS

PLANILHA DE CONTROLE DE KICK – MÉTODO DO SONDADOR

E.S.C.P - SUBMARINO

POÇO:____________ SONDA:______________ DATA:______________SONDADOR

1 - PRESSÃO REDUZIDA DE CIRCULAÇÃO (PRC) DO KICK - Informações Prévias:

BOMBA (N°)	
Vazão / Velocidade reduzida de circulação (**Q / VRC**)	gpm / spm
Pressão reduzida de circulação (PRC_r)	psi
Perda de carga na linha do choke (ΔP_{cl})	psi
Perda de carga no espaço anular do revestimento ($\Delta P_{an,csg}$)	psi
Massa específica do fluído (ρ_m)	lb/gal

2 - INFORMAÇÕES SOBRE O KICK :

Pressão estabilizada no bengala - **SIDPP**	psi
Pressão estabilizada no mânometro da linha de matar - **SICP**	psi
Volume ganho - **Vk**	bbl
Profundidade vertical do poço - D_v	m

3 - PRESSÕES MÁXIMAS :

A – Condição estática: $P_{max.st,f}$ = psi

B – Condições dinâmicas (mânometro da linha de matar):

Kick antes da sapata: $P_{max,din,f} = P_{max,st,f} - \Delta P_{an,csg}$	( ) - ( ) =	psi
Kick acima da sapata: $P_{max,din,eq} = P_{max,st,eq}$		psi
Kick acima da sapata: $P_{max,beng} = P_{max,st,f} + PRC - \Delta P_{an,csg}$	( ) + ( ) - ( ) =	psi

PIC = PRC_r + SIDPP	( ) + ( ) =	psi
ρ_{nm} = SIDPP / (0,17 * D_v) + ρ_m	( ) / (0,17 *) + ( ) =	lb / gal
$PFC_1 = PRC_r * \rho_{nm} / \rho_m$	( ) * ( ) / ( ) =	psi
$PFC_2 = PFC_1 + \Delta P_{cl} * (\rho_{nm} / \rho_m)$	( ) + ( ) * (/) =	psi

6 - CONTROLE:

A) MANTER A PRESSÃO NO MÂNOMETRO DA LINHA DE MATAR IGUAL A __________ psi (**SICP**) ENQUANTO A VELOCIDADE DA BOMBA É AJUSTADA NA VELOCIDADE REDUZIDA DE CIRCULAÇÃO __________ spm (**VRC**).

B) MANTER A PRESSÃO NO BENGALA IGUAL A __________ psi (**PIC**) ATÉ DESLOCAR O VOLUME DO ANULAR __________ (Stk_{br-sup}). DURANTE A CIRCULAÇÃO A PRESSÃO NO MÂNOMETRO DA LINHA DE MATAR NÃO DEVE ULTRAPASSAR __________ psi ($P_{max,din,f}$) ATÉ __________ stk (Stk_{br-sup}).APÓS, DESLOCAR ESTE VOLUME, A PRESSÃO NO MÂNOMETRO DA LINHA DE MATAR NÃO DEVE EXCEDER __________ psi ($P_{max,din,eq}$).

C) PARAR A BOMBA E SIMULTANEAMENTE FECHAR O CHOKE. A PRESSÃO NO BENGALA E NO CHOKE DEVEM SER IGUAIS A__________ psi (**SIDPP**).

D) MANTER A PRESSÃO NO MÂNOMETRO DA LINHA DE MATAR IGUAL A__________psi (**SIDPP**) ENQUANTO A VELOCIDADE DA BOMBA É AJUSTADA NA VELOCIDADE REDUZIDA DE CIRCULAÇÃO __________ spm (**VRC**).

E) MANTER A PRESSÃO NO MÂNOMETRO DA LINHA DE MATAR IGUAL A__________ psi (**SIDPP**) ENQUANTO A LAMA NOVA É DESLOCADA NO INTERIOR DA COLUNA __________ stk (Stk_{sup-br}).

F) MANTER A PRESSÃO NO BENGALA IGUAL A__________ psi (PFC_1) ATÉ A TOTAL ABERTURA DO CHOKE. APÓS ESTE INSTANTE, A PRESSÃO NO BENGALA SUBIRÁ ATÉ __________ psi (PFC_2) QUANDO A LAMA NOVA CHEGAR NA SUPERFÍCIE __________ stk ($Stk_{sup-br} + {}_{br-sup}$).

G) PARAR A BOMBA E SIMULTANEAMENTE FECHAR O CHOKE , A PRESSÃO NO BENGALA E NO CHOKE DEVEM SER IGUAIS A **ZERO** (**0**) psi.

Glossário de Termos Técnicos em Controle de Poço

A

Acumulador (***Accumulator***)**:** recipiente para armazenar nitrogênio e fluido hidráulico pressurizados que são usados como fonte de energia para abrir ou fechar elementos do sistema de equipamentos de segurança de cabeça de poço.

Adaptador (***Adapter Spool***)**:** junta usada para unir o conjunto de preventores de *blowouts* (BOP) à cabeça de revestimento de diferentes tamanhos ou pressões de trabalho.

Anel de vedação (***Gasket***)**:** material, em forma de anel, usado para promover a vedação entre duas superfícies estacionárias.

API: abreviação de American Petroleum Institute.

Árvore de Natal (***Christmas Tree***)**:** conjunto de válvulas de controle, manômetros e *chokes* montados na cabeça do poço para controlar a produção de hidrocarbonetos.

B

Baritina (*Barite*): sulfato de bário. Mineral usado para elevar o peso do fluido de perfuração. Possui uma densidade relativa de 4,3.

***Bell nipple*:** tubo curto, colocado acima do preventor anular com uma saída lateral para retorno do fluido de perfuração e outra para o enchimento do poço.

***Blowout*:** fluxo descontrolado de gás, óleo ou água do poço para atmosfera ou para o fundo do mar.

***Blowout* subterrâneo (*Underground blowout*):** fluxo descontrolado entre duas formações com o poço fechado na superfície.

Bomba centrífuga (*Centrifugal pump*): tipo de bomba que transmite pressão ao fluido pela ação da força centrífuga.

Bombas da unidade de controle e acionamento do BOP (*Close unit pumps*): bombas elétricas e pneumáticas da unidade de controle e acionamento do **BOP** que fornecem a energia hidráulica para fechamento ou abertura do **BOP**.

Bombas de lama (*Mud pumps*): bombas alternativas que são usadas para circular o fluido de perfuração no poço. Normalmente são do tipo triplex (três camisas).

BOP: abreviação de *blowout preventer*.

BOP rotativo (*Rotating BOP*): tipo especial de preventor de *blowouts* que permite a rotação da coluna de perfuração com o poço fechado.

Broca (*Bit*): ferramenta de corte, colocada na extremidade inferior da coluna de perfuração para perfurar as formações e permitir a passagem de fluido de perfuração, por meio dos seus jatos, do interior da coluna para o espaço anular.

***Bullheading*:** injeção de fluido em um poço fechado e sem retorno.

C

Cabeça de circulação (*Circulating head*): adaptador colocado na coluna de perfuração com o objetivo de se injetar fluido no interior dessa coluna, sem a utilização da haste quadrada.

Cabeça de injeção (*Swivel*): equipamento colocado no topo da haste quadrada com as funções de suspender a coluna de perfuração, permitir o movimento rotativo da coluna e possibilitar a injeção do fluido de perfuração no interior da coluna de perfuração.

Cabeça de poço (*Wellhead*): conjunto de equipamentos instalados na extremidade superior do poço. Inclui equipamentos como as cabeças de produção e de revestimento.

Cabeça de produção (***Tubing head***): peça da cabeça do poço no qual a coluna de produção está ancorada. Promove também a vedação do espaço anular na superfície. A árvore de Natal é instalada sobre ela.

Cabeça de revestimento (***Casing head***): peça de aço unida à primeira coluna de revestimento cimentada no poço. Tem a função de promover o acunhamento da coluna intermediária de revestimento e de promover o isolamento hidraúlico do espaço anular formado.

Cascalhos (***Cuttings***): fragmento de rocha cortados pela broca e trazidos até a superfície pelo fluido de perfuração.

Choke: estrangulador de fluxo que controla a vazão de retorno de um poço fechado pelo preventor de *blowouts*, durante a circulação de um *kick*. Pode ser fixo ou positivo (positive *choke*) se a abertura é constante ou ajustavél (adjustable *choke*) se a abertura pode ser variada.

Cimentação (***Cementing***): operação de injeção de uma pasta de cimento, água e aditivos no interior do poço com uma determinada função. Ela pode ser primária, isto é, cimentação de colunas de revestimento no poço, ou secundária, qualquer operação de cimentação feita no poço que não seja a primária, como a colocação de tampões de cimento, injeção de pasta de cimento sobre pressão (*squeeze*) ou recimentação.

Circulação reversa (***Reverse circulation***): circulação em que o fluido de perfuração é injetado pelo espaço anular retornando pelo interior da coluna de perfuração.

Coluna de perfuração (***Drill string***): conjunto elementos tubulares que se estendem desde a cabeça de injeção até a broca. Inclui a haste quadrada, tubos de perfuração, uniões cônicas, comandos, estabilizadores e substitutos.

Coluna de revestimento (***Casing***): tubos de aço enroscados uns aos outros, formando uma coluna que é cimentada no poço com várias finalidades, como prevenir desmoronamentos, isolar de formações problemáticas e propiciar meios de produção de hidrocarbonetos.

Comandos (***Drill collars***): tubos pesados colocados acima da broca cuja função principal é promover o peso a ser aplicado sobre a broca, necessário à perfuração do poço.

Condutor (***Conductor pipe***): Coluna de revestimento de grande diâmetro cujas funções básicas são as de evitar desmoronamento das camadas superficiais de rocha e permitir o retorno do fluido de perfuração até a superfície.

Conectores (***Connectors***): conexões utilizadas no riser e controladas hidraulicamente, desde a superfície.

Conjunto BOP (***BOP stack***): empilhamento vertical dos preventores de *blowout*

Contrapressão (*Back pressure, Choke pressure* ou *Casing pressure*): Pressão existente à montante do *choke* ajustável. Também conhecida como pressão no revestimento ou no *choke*.

Controle primário do poço (*Primary well control*): prevenção de *kick* que consiste em se manter a pressão no poço maior que a pressão de poros das formações.

Corte de gás (*Gas-mud cut*): fluido de perfuração com gás incorporado, que dá a ele uma textura característica.

D

Densidade (*Specific Gravity*): densidade relativa de um material. Para sólidos, o padrão é a água, para gases, o padrão é o ar.

Densidade equivalente de circulação (*Equivalent circulating density* - ECD): expressa em lb/gal, representa a soma da pressão hidrostática e das perdas de carga por fricção no espaço anular, em uma certa profundidade (psi) dividida pelo fator 0,17 e pela profundidade em consideração (m).

Desgaseificador (*Degasser*): equipamento usado para remover o gás incorporado ao fluido de perfuração.

Deslocamento (*Displacement*): volume de aço dos elementos tubulares por unidade de comprimento.

***Diverter*:** sistema de segurança usado normalmente em eventos de gases rasos, em que o poço é fechado por um preventor anular, sendo o gás desviado lateralmente, através de um tubo de grande diâmetro, para longe da sonda.

Drenagem (*Bleeding*): liberação de fluido de um ambiente fechado e pressurizado com o objetivo de reduzir a pressão.

E

Espaçador (*Drilling spool*): peça colocada entre os preventores de *blowout* com o objetivo de promover um espaço adicional entre eles.

Espaço anular (*Annular space or annulus*): espaço entre uma tubulação de perfuração ou uma coluna de revestimento no interior do poço, ou no interior de uma coluna de revestimento cimentada no poço.

F

Fechamento do poço (*Well shut-in*): Fechamento de um elemento do conjunto de preventores de *blowout* durante o controle do *kick*.

Fechamento brusco (*Hard shut-in*): Procedimento para fechamento do poço onde o *choke* é mantido sempre fechado.

Fechamento lento (*Soft shut-in*): Procedimento de fechamento do poço, no qual o *choke* só é fechado após o fechamento do poço pelo **BOP**.

Feixe de mangueiras (*Hose bundle*): grupo de vários cabos, mangueiras e linhas parelelas que se estendem desde a unidade de perfuração flutuante até o **BOP** submarino instalado no fundo do mar.

***Flange*:** elemento de ligação, em formato circular, com furos nos quais parafusos e roscas são utilizados para fazer a união com outro elemento flangeado.

Fluido de perfuração ou lama (*Drilling fluid* ou *mud*): fluido que circula pelo sistema de circulação da sonda e pelo poço, cuja principal função é a remoção dos cascalhos cortados pela broca. Possui também as funções de lubrificar e esfriar a broca e a coluna de perfuração, manter as paredes do poço estáveis e estanques, e evitar que os fluidos das formações entrem no poço.

Folhelho (*Shale*): rocha sedimentar composta por grãos finos de silte e argila.

Força gel (*Gel strength*): medida da capacidade de uma dispersão coloidal de desenvolver e reter o estado gelificado, baseada na sua resistência a um esforço cisalhante.

G

Gás de conexão (*Conection gas*): Pequena quantidade de gás que entra no poço durante a parada da circulação para inclusão de mais um tubo na coluna de perfuração.

Gás de manobra (*Trip gas*): pequena quantidade de gás que pode entrar no poço durante as manobras.

Gás raso (*Shallow gas*): gás resultante de formações rasas e pequenas, porém com grande produtividade. Em virtude do baixo gradiente de fratura existente, o poço não pode ser fechado em um evento de um *kick* ou *blowout* de gás raso.

Gás trapeado (*Entrained gas*): gás da formação que entra e permanece no fluido de perfuração.

Gaveta cega (*Blind ram*): componente de vedação do preventor de blowout que é usado para fechar o poço quando não há coluna em frente ao **BOP**.

Gaveta cisalhante (*Shear ram*): componente do preventor de *blowout* que é usado para cortar o tubo de perfuração que se encontra frente ao **BOP** e fechar o poço subsequentemente. É acionada em situações em que o poço tem de ser fechado em condições de emergência.

Gaveta de tubos (***Pipe ram***)**:** componente de vedação do preventor de *blowout* que é usado para fechar o espaço anular formado pelo **BOP** e o tubo de perfuração à sua frente.

Gradiente de pressão (***Pressure gradient***)**:** variação de pressão por unidade de profundidade. Normalmente expresso em psi/m.

H

Hanger plug**:** equipamento colocado no revestimento abaixo dos preventores de *blowout* para se vedar o revestimento. Com este equipamento, é possivel se testar o conjunto de preventores de *blowout*.

Haste Quadrada (***Kelly***)**:** tubo de perfil quadrado ou hexagonal que recebe o movimento rotativo da mesa rotativa e o transmite para a coluna de perfuração. Está ligada à cabeça de injeção que, por sua vez, está suspensa pelo gancho da catarina.

I

IADC: abreviação de International Association of Drilling Contractors.

Indicador do nível do tanque de lama (***Pit-level indicator***)**:** instrumento usado para monitorar o nível do fluido de perfuração nos tanques de lama.

Indicador da vazão de retorno (***Mud flow indicator***)**:** instrumento instalado na saída de lama para monitorar a vazão de retorno do poço.

Inside-BOP**:** válvula instalada na coluna de perfuração para evitar *blowout* pelo interior da coluna. Funciona como uma *check valve*, permitindo somente fluxo para o interior da coluna de perfuração.

Injeção/Segregação da lama (***Lubrication***)**:** operação com períodos alternados de injeção de lama no poço e espera para a queda da lama para o fundo do poço.

IWCF: abreviação de International Well Control Forum.

K

Kick**:** invasão de fluido das formações (gás, óleo e água) no poço quando a pressão da formação ultrapassa a pressão existente no poço naquela profundidade.

L

Limite de escoamento (***Yield point***)**:** medida da resistência ao início do fluxo. Representa a tensão necessária para pôr um fluido em movimento. É, normalmente, expresso em lb/100 pe^2.

Liner: coluna de revestimento que não se prolonga até a superfície.

Linha do *choke* (*Choke line*): tubo que permite o fluxo dos fluidos que vem do poço fechado desde o conjunto de preventores até o *manifold* do *choke*.

Linha de enchimento (*Fill-up line*): entrada lateral no *bell nipple* com o objetivo de completar o poço durante uma manobra de retirada da coluna de perfuração.

Linha de matar (*Kill line*): linha de alta pressão usada para injetar fluidos no interior do poço fechado. Estende-se desde o *manifold* do *choke* até uma entrada abaixo do preventor de *blowout* fechado.

M

Mangueira de lama (*Rotary hose*): tubulação flexível, porém reforçada, que conduz o fluido de perfuração desde o tubo bengala até a cabeça de injeção.

***Manifold*:** conjunto de tubulações e válvulas com os seguintes objetivos: dividir o fluxo em vários; combinar vários fluxos em um; e direcionar o fluxo para qualquer lugar desejado.

***Manifold* do *choke* (*Choke manifold*):** conjunto de tubos, válvulas e *chokes* por onde os fluidos que retornam do poço fechado são controlados e dirigidos na superfície durante a circulação de um *kick*.

Manobra (*Tripping*): operação de retirada ou descida da coluna de perfuração com um determinado objetivo. O mais comum é para troca de broca.

Manômetro (*Gauge*): instrumento que mede a pressão manométrica de um fluido. Pressão manométrica é a diferença entre a pressão absoluta do fluido e a pressão atmosférica.

Margem de manobra (*Trip margin*): acréscimo que é dado ao peso da lama para compensar os efeitos do pistoneio nas manobras.

Margem do *riser* (*Riser margin*): acréscimo que é dado ao peso da lama para compensar uma eventual perda de pressão hidrostática resultante de uma desconexão de emergência do riser.

Massa ou peso específico (*Density*): massa ou peso de uma substância por unidade de volume.

Mesa rotativa (*Rotary table*): equipamento da sonda de perfuração responsável pela rotação e pelo acunhamento nas manobras da coluna de perfuração.

Método concorrente (*Concurrent method*): método de controle de *kick*, no qual a circulação começa imediatamente após o fechamento do poço e o peso do fluido de perfuração é aumentado gradualmente, segundo uma programação pré-definida.

Método do engenheiro (***Wait-and-weight method***)**:** método de controle de *kick* onde o fluido invasor é circulado para fora do poço com o fluido de perfuração já adensado.

Método do sondador (***Driller's method***)**:** método de controle de *kick* feito com duas circulações. Na primeira circulação o *kick* é removido do poço, enquanto, na segunda, a lama do poço, no momento do *kick*, é substituída por outra mais pesada.

Método volumétrico (***Volumetric method***)**:** método de controle de *kick* que é executado quando a circulação não é possível. Consiste na alternância de períodos de migração do gás e de sangria de lama na superfície de modo que a pressão no fundo do poço se mantenha aproximadamente constante, até o gás atingir a superfície. Subsequentemente, o gás é substituído por lama por meio da alternância de períodos de injeção de lama pela linha de matar, segregação dessa lama e sangria do gás através do *choke*, mantendo-se também a pressão no fundo do poço aproximadamente constante.

MMS: abreviação de *Mineral Management Service.*

***Mud logging*:** registro de informações obtidas da análise e exame dos cascalhos e da lama que retornam do poço.

O

Operação de intervenção (***Workover***)**:** operação que é executada em um poço produtor com o objetivo de aumentar a sua produção.

P

***Packer*:** equipamento de subsuperfície que consiste de um dispositivo vedante, um elemento para assentamento e uma passagem interna para passagem de fluidos. É instalado na coluna de produção (ou perfuração) e tem a função de vedar o espaço anular.

Painel de controle remoto do BOP (***Blowout preventer control panel***)**:** conjunto de controles para abrir e fechar a distância os preventores de *blowout.*

Peneira Vibratória (***Shale shaker***)**:** série de telas de peneira que por movimento vibratório separam os cascalhos do fluido de perfuração.

Perda de carga por fricção (***Frictional pressure loss***)**:** redução de pressão entre dois pontos decorrente da energia dissipada pelo atrito durante o fluxo de um fluido.

Perda de circulação (***Lost circulation***)**:** perda total ou parcial de fluido de perfuração para as formações.

Permeabilidade absoluta (***Absolute permeability***): medida da capacidade de um fluido (gás, óleo ou água) de fluir em um meio poroso completamente cheio (saturado) desse fluido. É normalmente expressa em milidarcy.

Permeabilidade efetiva (***Effective permeability***): medida da capacidade de um fluido de escoar em um meio poroso contendo outros tipos de fluidos.

Permeabilidade relativa (***Relative permeability***): razão entre a permeabilidade efetiva e a permeabilidade absoluta.

Peso rspecífico da lama (***Mud weight***): peso de fluido de perfuração por unidade de volume. Normalmente, é expresso em lb/gal.

Pistoneio (***Swabbing***): diminuição da pressão no interior do poço devida à retirada da coluna de perfuração ou ferramentas do poço.

Poço de alívio (***Relief well***): poço direcional perfurado com o objetivo de interceptar e combater um poço em *blowout*.

POD: conjunto de válvulas e reguladores localizados no conjunto de preventores de *blowout* submarinos cujo objetivo é possibilitar o acionamento das várias funções do BOP, a partir da superfície.

Porosidade (***Porosity***): quantidade de espaços vazios de um rocha. É expressa como uma percentagem do espaço vazio em um certo volume de rocha.

Pressão anormal (***Abnormal pressure***): pressão de poros de uma formação acima ou abaixo daquela considerada normal para uma determinada profundidade.

Pressão de circulação (***Circulating pressure***): pressão de bombeio do fluido de perfuração através do interior da coluna, jatos da broca e espaço anular.

Pressão de fratura da formação (***Formation fracture pressure***): ponto no qual uma determinada formação irá romper-se em decorrência do estado de pressão no interior do poço.

Pressão de poros (***Pore pressure***): pressão dos fluidos existentes nos poros de uma formação.

Pressão de sobrecarga (***Overburden pressure***): pressão oriunda do peso da coluna litológica incluindo os fluidos contidos nas formações.

Pressão final de circulação (***Final circulating pressure***): pressão de circulação usada desde o instante em que a lama nova chega a broca até o instante em que o *choke* está totalmente aberto. É determinada multiplicando-se a pressão reduzida de circulação pela razão entre os pesos específicos da lama nova e da lam original.

Pressão hidrostática (***Hydrostatic pressure***): pressão resultante do peso de um fluido em repouso em uma determinada profundidade.

Pressão inicial de circulação (*Initial circulating pressure*): Pressão de bombeio requerida inicialmente para deslocar a lama nova pelo interior da coluna. É numericamente igual à pressão de fechamento no tubo bengala (SIDPP) mais a pressão reduzida de circulação.

Pressão no fundo do poço (*Bottomhole pressure*): pressão atuante no fundo do poço.

Pressão no revestimento ou no *choke* (*Casing or choke pressure*): pressão registrada a montante do *choke*. Por esse motivo, é mais correto chamá-la de pressão no *choke*.

Pressão normal (*Normal pressure*): pressão de poros de uma formação correspondente a pressão hidrostática de água com salinidade normal de uma determinada área. O valor de 0,465 psi/pé é normalmente considerado como o gradiente normal de pressão.

Pressão no tubo bengala (*Standpipe* ou *drill pipe pressure*): pressão existente no interior da coluna de perfuração na superfície. É lida em um manômetro instalado no tubo bengala.

Preventores de *blowout* (*Blowout preventers*): equipamentos instalados na cabeça do poço, cuja função principal é fechar o poço. São do tipo gaveta ou anular. Em sondas terrestre ou apoiadas no fundo do mar estão localizados logo abaixo da sonda de perfuração. Em sondas flutuantes ficam localizados no fundo do mar.

Preventores de *blowout* do tipo anular (*Annular blowout preventer*): Válvula colocada acima do conjunto de preventores de gaveta cuja finalidade é fechar o poço em torno da coluna de perfuração (tubo ou comandos) ou mesmo fechar o poço quando não há coluna na frente do conjunto de preventores. No fechamento do poço, é normalmente o primeiro tipo de preventor a ser acionado.

Preventores de blowout do tipo gaveta (*Ram blowout preventers*): preventores de *blowouts* que usam gavetas para fechar e assim isolar as pressões existentes no espaço anular.

Profundidade da sapata (*Casing seat*): profundidade na qual a sapata do revestimento é assentada.

Quebra da taxa de penetração (*Drilling brake*): aumento brusco da taxa de penetração. Algumas vezes, indica que a broca está penetrando em uma formação com pressão anormalmente alta ou que um *kick* está ocorrendo.

R

Regulador (*Regulator*): dispositivo que permite a variação e o controle de pressão de fluidos que passam pelo seu interior.

Resistência à pressão interna do revestimento (*Casing burst pressure*): pressão máxima que pode ser aplicada internamente ao revestimento sem que ele falhe no corpo do tubo ou na conexão.

***Riser* (*Marine riser*):** tubos com conexões especiais que se estendem desde uma sonda instalada em uma embarcação flutuante até o fundo do mar, onde o equipamento de segurança está instalado. Serve para guiar a coluna de perfuração da embarcação ao poço e trazer à superfície o fluido de perfuração com os cascalhos perfurados pela broca.

Rocha capeadora (*Cap rock*): rocha impermeável sobreposta a um reservatório de hidrocarbonetos que impede a migração de fluidos desse reservatório.

S

Saída de lama (*Mud return line*): tubo de grande diâmetro que se estende desde uma saída lateral do *bell nipple* até a peneira de lama. Por esse tubo, o fluido de perfuração proveniente do poço retorna aos tanques de lama.

Sapata do revestimento (*Casing shoe*): equipamento colocado na extremidade da coluna de revestimento, cuja a função é guiá-la durante a sua descida no poço.

Seção de tubos de perfuração (*Pipe stand*): tubos de perfuração estaleirados verticalmente (normalmente três a três, com um comprimento de 27,5 metros) na torre ou no mastro da sonda durante as manobras.

Separador atmosférico ou bernardão (*Mud-gas separator*): equipamento cuja pressão de operação é próxima à atmosférica com a função de separar o gás livre do fluido de perfuração.

SICP: abreviação de *shut-in casing pressure*. Pressão de fechamento registrada à montante do *choke*.

SIDPP: abreviação de *shut-in drill pipe pressure*. Pressão de fechamento registrada no tubo bengala.

***Snubbing*:** operação de colocar e forçar a descida de uma coluna de perfuração ou produção em um poço fechado com pressão.

SPE: abreviação de *Society of Petroleum Engineers*.

***Stripping*:** operação de descida ou retirada da coluna de perfuração com o poço fechado durante um *kick*.

Surgimento de pressão (*Surging*): súbito aumento da pressão no poço quando a coluna de perfuração ou de revestimento é descida no poço ou quando a circulação do fluido de perfuração é iniciada.

T

Tanques de lama (*Mud pits*): série de tanques de aço usados para o armazenamento e tratamento do fluido de perfuração. Normalmente, uma sonda possui mais de três tanques equipados com tubulação, válvulas, agitadores e misturadores.

Tanque de manobra (*Trip tank*): pequeno tanque normalmente de 10 a 15 bbl que é utilizado para se controlar o volume de lama necessário à manutenção do poço sempre cheio durante as manobras.

Testador do BOP (*Blowout preventer test tool*): ferramenta utilizada no teste de pressão dos preventores de *blowout* e equipamentos auxiliares isolando o poço imediatamente abaixo do conjunto de preventores.

Teste de absorção (*Leak-off test*): teste que é realizado logo após o corte da sapata com o objetivo de determinar a pressão na qual a formação logo abaixo da sapata começa absorver fluido de perfuração, após pressurização na superfície com o poço fechado. Essa pressão é considerada como a máxima possível frente a essa formação, durante as operações de controle de poço.

Teste de formação (*Drill stem test*): teste para medir a produção e pressão do poço, utilizando a coluna de perfuração.

Tixotropia (*Thixotrophy*): propriedade de certos materiais de se manter no estado líquido quando em fluxo e no estado semi-sólido ou gel quando em repouso.

Tolerância ao *kick* (*Kick tolerance*): Gradiente máximo de pressão de poros numa certa profundidade, que no caso da ocorrência de um *kick* e com a lama existente, o poço pode ser fechado sem que haja fratura da formação mais fraca.

Tubo bengala (*Standpipe*): tubo vertical instalado na torre ou no mastro da sonda, com o objetivo de conduzir o fluido de perfuração para a mangueira de lama e, consequentemente, para a cabeça de injeção e interior da coluna.

Tubos de perfuração (*Drill pipe*): tubos usados para transmitir rotação à broca e circular o fluido de perfuração. São unidos uns aos outros por meio de uniões cônicas (tool joints).

TVD: abreviação de *true vertical depth*. Profundidade vertical de perfuração.

U

Unidade de controle e acionamento do BOP (*Blowout preventer operating and control unit*): conjunto de acumuladores, bombas, válvulas, linhas e outros itens utilizados para acionar, principalmente, o conjunto de preventores de *blowout*.

Válvula de segurança da coluna (***Drill-stem safety valve***)**:** válvula de passagem plena a ser instalada na coluna no caso de fluxo pelo interior da coluna de perfuração.

Válvula superior da haste quadrada (***Upper kelly cock***)**:** válvula de passagem plena instalada entre a cabeça de injeção e a haste quadrada, cujo objetivo é isolar a cabeça de injeção e a mangueira de lama no caso do desenvolvimento de altas pressões no interior da coluna de perfuração.

Viscosidade plástica (***Plastic viscosity***)**:** medida da resistência interna ao fluxo atribuída aos sólidos presentes no fluido. É normalmente expressa em centipoise.

FONTES DE CONSULTA:

a) *Blowout prevention*. 3. ed., Unit III, Lesson 3. Petroleum Extension Service – Petex.

b) *A primer of offshore operations*. Petroleum Extension Service – Petex.

c) *Well xontrol for the man on the rig*. Aberdeen Drilling Schools.

Repostas aos Exercícios Numéricos

2.1)

a) 2,30 psi/m; 1,41 psi/m; 2,38 psi/m

b) 14,5 lb/gal; 9,6 lb/gal; 8,4 lb/gal

c) 6 885 psi; 3 553 psi; 2 448 psi

d) 9,6 lb/gal; 11,2 lb/gal; 12,9 lb/gal

2.2) 88 bbl; 90 psi

2.3) 34,3 m

2.4) 1 260 psi; haverá *kick*

2.5)

a) 4 590 psi; 1,53 psi/m; 1,2 lb/gal

b) 3 108 psi; 892 psi; 0,297 psi/m; 1,75 lb/gal

2.6) 5216 psi ou 15,3 lb/gal; 4415 psi ou 13,0 lb/gal

2.7)

a) 15,6 lb/gal

b) 1976 psi

2.8)

a) 4563 psi; 10,3 lb/gal

b) 4004 psi; 10,2 lb/gal

2.9)

a) Condições estáticas: 0 psi; 0 psi; 3825 psi; 2295 psi

Circulando: 2280 psi; 0 psi; 4005 psi (9,4 lb/gal); 2348 psi (9,2 lb/gal)

b) Condições estáticas: 350 psi; 350 psi; 4175 psi (9,8 lb/gal); 2645 psi (10,4 lb/gal)

Circulando: 2630 psi; 350 psi; 4355 psi (10,2 lb/gal); 2698 (10,6 lb/gal)

2.10)

a) Condições estáticas: 0 psi; 0 psi; 5100 psi; 3400 psi

Circulando/riser: 2600 psi; 0 psi; 5300 psi (10,4 lb/gal); 3468 psi (10,2 lb/gal)

Circulando/*choke*: 2900 psi; 0 psi; 5600 psi (11,0 lb/gal); 3768 psi (11,1 lb/gal)

b) Condições estáticas: 400 psi; 400 psi; 5500 psi (10,8 lb/gal); 3800 psi (11,2 lb/gal)

Circulando/*choke*: 3300 psi; 400 psi; 6000 psi (11,8 lb/gal); 4168 psi (12,3 lb/gal)

c) Abrir o *choke* e manter uma pressão de 100 psi no manômetro do *choke*.

3.1)

a) 28,2 psi; fundo: 9,93 lb/gal não haverá *kick*; 500 m: 9,67 haverá *kick*

b) 48,2 psi; fundo: 9,89 lb/gal não haverá *kick*; 500 m: 9,43 haverá *kick*

3.2) 34 *strokes*; 35 *strokes*

3.3) 100 psi; 0,2 lb/gal; 0,4 lb/gal; 10,9 lb/gal

3.4) Densidade equivalente de poros no topo do arenito: 9,35 lb/gal; haverá *kick*

3.5) Fundo: 75 psi e 11,8 lb/gal; a 500 m: 54 psi e 11,4 lb/gal

6.1)

a) Gás no fundo: 1 bbl; 5 400 psi; 3 700 psi; 300 psi
   Gás na sapata: 1 bbl; 7 100 psi; 5 400 psi; 2 000 psi
   Gás na superfície: 1 bbl; 10 500 psi; 8 800 psi; 5 400 psi
b) Gás no fundo: 1 bbl; 5 100 psi; 3 400 psi; 0 psi
   Gás na sapata: 1,5 bbl; indeterminado; 3 400 psi; 0 psi
   Gás na superfície: 348 bbl; indeterminado; indeterminado; 0 psi

6.2) 337 m

7.1) Gás abaixo da sapata:
Máxima pressão permissível no manômetro do *choke*: 1 290 psi
Gás acima da sapata:
Máxima pressão permissível no manômetro do *choke*: 4 480 psi
Máxima pressão permissível no manômetro do bengala: 1 990 psi

7.2) Gás abaixo da sapata:
Máxima pressão permissível no manômetro da *kill line*: 1 290 psi
Máxima pressão permissível no manômetro da *choke line*: 1 140 psi
Gás acima da sapata:
Máxima pressão permissível no manômetro da *kill line*: 4 350 psi
Máxima pressão permissível no manômetro da *choke line*: 4 200 psi
Máxima pressão permissível no manômetro do bengala: 1 990 psi

7.4) 5 586 psi; 3 410 psi

7.5)

a) 5 655 psi; 9,5 psi
b) 1 800 psi; 1 583 psi
c) 2 218 psi

8.3)

a) 4 717 psi
b) 1 497 psi
c) 302 psi

8.4) 875 psi

8.5) 669 psi; 2,95 bbl

11.1) 9 367 psi ou 12,8 lb/gal

11.2)

a) 11,7 lb/gal; 0 lb/gal; condição insegura
b) 12,5 lb/gal; 0,8 lb/gal; condição segura

11.3) 3 612 m

12.1)

a) 1,9 lb/gal (gás)
b) 13,1 lb/gal; 2,4 lb/gal
c) 753 pe^3 ou 2 306 sacos de 20 kg.
d) Gás abaixo da sapata:
Máxima pressão permissível no manômetro do *choke*: 1 932 psi
Gás acima da sapata:
Máxima pressão permissível no manômetro do *choke*: 5 064 psi
Máxima pressão permissível no manômetro do bengala: 2 198 psi
e) 791 psi

12.2)

a) 3,5 lb/gal (gás)
b) 11,5 lb/gal; 0,5 lb/gal
c) 1 660 pe^3
d) Gás abaixo da sapata:
Máxima pressão permissível no manômetro da *kill line*: 820 psi
Máxima pressão permissível no manômetro da *choke line*: 685 psi
Gás acima da sapata:
Máxima pressão permissível no manômetro da *kill line*: 2 260 psi
Máxima pressão permissível no manômetro da *choke line*: 2 125 psi
Máxima pressão permissível no manômetro do bengala: 1 200 psi
e) 960 psi; 422 psi; 572 psi
f) 1,2 lb/gal

13.1) Densidade equivalente de poros: 9,2 lb/gal; houve *kick*

13.2) 9,7 lb/gal

13.3) 11,2 lb/gal; não haverá fratura

13.4) 168,5 bbl

13.5) 6 096 psi

13.6) 12,9 lb/gal

14.7) 200 m